ネット・モバイル時代の放送

―その可能性と将来像―

日本民間放送連盟・研究所〔編〕

学文社

執筆者一覧

前川英樹　東京放送ホールディングス・社長室顧問　（本書の概要）
宍戸常寿　東京大学 法学部・准教授　（第1章）
小塚荘一郎　学習院大学 法学部・教授　（第2章）
小向太郎　情報通信総合研究所 法制度研究グループ・主席研究員　（第3章）
春日教測　近畿大学 経営学部・准教授　（第4章）
砂川浩慶　立教大学 社会学部・准教授　（第5章）
堀木卓也　日本民間放送連盟 企画部・部長　（第6章）
中町綾子　日本大学 芸術学部・教授　（第7章）
渡辺久哲　上智大学 文学部・教授　（第8章）
前川英樹　東京放送ホールディングス・社長室顧問　（第9章）

ネット・モバイル時代の放送
―その可能性と将来像―

はじめに

　民放連研究所の「放送の将来像と法制度研究会」は，放送が直面する諸問題について2年間の議論を経て2010年3月に報告書を取りまとめ，これを公表した。各分野の学者・研究者の検討によって，放送の構造・機能・役割が討議され，そこから「放送の公共性とは何か」という本質的問題についての考え方や，あるいはネットとモバイルの急速な普及という情報環境の変化に対して放送事業者が選択すべきことは何か，などが明らかにされた。付け加えれば，そのいくつかは放送事業者にとってできれば遠くに置いておきたい，あるいは先延ばししたいものもあったはずだ。しかし，研究会としてはそれらの問題を摘出することこそ重要であると考えた。その意味で，民放連の内部に置かれた研究会としての客観性は保たれたと考えている。

　しかし，研究会設置の強いモーメントであった放送法改正を巡る議論は，研究会開催中には国の方針が明確にされないままであったため，研究会における検討も十分に踏み込めないままに置かれたのだった。

　研究会終了後の2011年に漸く放送法改正が行われた。このため研究会としては，積み残した課題である放送の将来と法制度について，改めて各委員の専門的知見を集約したいと考えた。それが本書の第一の企画意図である。

　さらに，2011年3月11日に発生した巨大地震と大津波は直接的に各地に壊滅的被害を与えただけでなく，福島第一原子力発電所の事故を引き起こし極めて深刻な事態を招いている。この日本社会に甚大な影響を与えた東日本大震災（〈3.11〉）は，放送メディアにとっても大きな意味をもつものであった。大災害をどう伝えたかだけではなく，放送メディアの存在理由やソーシャルメディアとの関係におけるこれからの放送のあり方など，放送にとって避けることのできないテーマが明確にされたのである。今，「放送の将来像」について改めて考えるとすれば，この〈3.11〉について触れないわけにはいかない。それが「放送を考える」という意味であろう。これが，本書の第二の企画意図である。

各委員がそれぞれの視点から述べているように，放送法改正と地上デジタル放送の完全移行の後も，いや後であればこそ，かえって放送の将来像を放送事業者自らが真剣に取り組む時代に入ったといえるだろう。また，放送メディアに関心をもち，放送の構造・機能・役割などについて研究を深めたい人たちも，あらためて放送メディアの可能性と問題点を掘り下げたいと考えるであろう。

　放送法改正，ソーシャルメディアの拡張，そしてポスト〈3.11〉という状況の中で，多くの人たちが放送の将来について考えるために，本書が問題提起の役割を果たすことができれば幸いである。

民放連「放送の将来像と法制度研究会」委員長
前川　英樹

「放送の将来像と法制度研究会」委員名簿

委員長	前川　英樹	東京放送ホールディングス　社長室顧問
委　員	春日　教測	近畿大学経営学部　准教授
	小塚　荘一郎	学習院大学法学部　教授
	小向　太郎	情報通信総合研究所法制度研究グループ　主席研究員
	宍戸　常寿	東京大学法学部　准教授
	砂川　浩慶	立教大学社会学部　准教授
	中町　綾子	日本大学芸術学部　教授

オブザーバー委員

	井川　泉	TBSテレビ　社長室担当局長
	金光　修	フジテレビジョン　執行役員経営企画局長

〈所属・肩書きは2012年9月1日現在〉

目　次

はじめに　i

本書の概要 ……………………………………………………（前川　英樹）1

第1部　放送を巡る制度と事業者—その現状と将来

第1章　放送の規律根拠とその将来 ……………………………（宍戸　常寿）19
　Ⅰ　放送法による規制　19
　Ⅱ　表現の自由と「放送の自由」　21
　Ⅲ　伝統的な規律根拠論　24
　Ⅳ　最近の規律根拠論　27
　Ⅴ　放送法改正における放送の規律根拠　30
　Ⅵ　放送規律の将来　33

第2章　放送事業におけるガバナンスと市場原理 ………………（小塚荘一郎）42
　Ⅰ　問題の設定　—放送事業者のコーポレート・ガバナンス　42
　Ⅱ　二元体制とエイジェンシー問題　45
　Ⅲ　事業者の経営機構の改善　50
　Ⅳ　市場の競争を通じたガバナンス　54
　Ⅴ　結　語　—放送事業者が考えるべき課題　59

第3章　情報のデジタル化と伝送路・端末の多様化 ……………（小向　太郎）66
　Ⅰ　情報のデジタル化と放送　66
　Ⅱ　放送への影響　70
　Ⅲ　放送の存在意義と将来　76

第4章　放送産業における市場と規制 …………………………（春日　教測）85
　Ⅰ　はじめに　85

Ⅱ　産業としての地上民放テレビ　86
　　Ⅲ　現行システムに対する外部圧力　90
　　Ⅳ　公共放送と国家補助規制　94
　　Ⅴ　周波数分配　98
　　Ⅵ　おわりに　103

第5章　放送行政・制度と民放の対応 …………………………（砂川　浩慶）109
　　Ⅰ　放送における「制度」の位置づけ　110
　　Ⅱ　新・放送法の問題点　112
　　Ⅲ　今後の放送行政・制度の在り方について　122
　　Ⅳ　今後の放送事業者の行政・制度への対応について　125

第6章　2011年放送法等改正の概要 ……………………………（堀木　卓也）130
　　はじめに　130
　　Ⅰ　新放送法の法制化の経緯　131
　　Ⅱ　新放送法の構成　134
　　Ⅲ　2011年改正と，次の放送法改正のテーマ　143

第2部　放送番組と視聴者・聴取者 ―その現在と将来

第7章　テレビ番組の社会的機能とその将来
　　　　　―娯楽番組をめぐって― ……………………………（中町　綾子）151
　　Ⅰ　放送番組の社会的機能　151
　　Ⅱ　テレビの今日性（時事性）とコミュニケーション活動としての機能　151
　　Ⅲ　表現手段，情報伝達手段としてのテレビ番組の特質（確認された機能・特質）
　　　　153
　　Ⅳ　テレビ番組の現在と可能性（中継の思想と多様性をめぐって）　156
　　Ⅴ　テレビの公共性から考える　161

第8章　メディア利用行動の変化と将来 ………………………（渡辺　久哲）164
　　Ⅰ　日本人のメディア接触の現状　164
　　Ⅱ　テレビ視聴態様の中長期的変化　166

Ⅲ　ソーシャルメディアについて　170
　Ⅳ　テレビ番組とソーシャルメディアの連携　175
　Ⅴ　ソーシャルメディア時代のテレビ視聴者　179
　Ⅵ　新しいオーディエンスの把握　181
　Ⅶ　まとめ　184

第3部　3.11を通して考察したソーシャル・メディアと放送メディア

第9章　〈3.11〉はメディアの現在をCTスキャン［断層撮影］した
　　　　──マスとソーシャルを考える──……………………（前川　英樹）191
　はじめに　191
　Ⅰ　いま，メディアについて語ること　──〈3.11〉の現場と原理──　192
　Ⅱ　東北に行ってきた　205
　Ⅲ　メディア論のために　──情報の形式と意味について──　210
　Ⅳ　まとめ　マスとソーシャルの関係を考える　──〈3.11〉はどのようにメディア状況をスキャンしたのだろうか──　226

本書の概要

前川　英樹

　本書に掲載されている各論文について，その概要を記しておきたい。そもそも本企画は「放送の将来像と法制度研究会」報告書（2010年3月）を踏まえ，2011年の放送法改正に焦点を合せてそれぞれの委員がさらに考察を深めた論考を発表しようというものである。なお，渡辺久哲氏には視聴率研究の専門家としてまた堀木卓也氏には民放連の制度担当としてそれぞれ寄稿して頂いた。

　第1部「放送を巡る制度と事業者—その現状と将来」は，本書の主要課題である放送局経営のあり方と放送制度についての論集である。

第1部　放送を巡る制度と事業者—その現状と将来

第1章　放送の規律根拠とその将来：宍戸委員

　宍戸の問題意識は，「放送が国家権力によって規制されなければならないのはなぜか」という極めて一般的でかつ基本的な，しかし放送と法の関係における原点を検証するところにあるのだが，同時に「放送事業者は，国家から規制を受けるのと引き替えに，特権的な地位を享受しているのではないか」という疑念を提示することで，その問題意識に強い緊張感を与えている。

放送の自由を表現の自由一般から区別する理由は何かということについて，宍戸は「放送事業者の表現の自由は確かに自らが表現したいことを表現する自由であるが，それは視聴者の知る権利をどのような内容で，いかにして満たすかについての自由だからである」と指摘し，そこから「放送制度の課題は，あらかじめ放送事業者の自由が国民の知る権利の充足と一致するように，『放送の自由』を現実化することにあるからである」とする。
　その上で，放送における規範の根拠を，有限希少性・特殊な衝撃力（社会的影響力）といった技術的特性によってではなく，「国民の知る権利」への奉仕という形で再構成することが必要だという。「放送の公共性」論は，従来は「あたかも放送が独力で『公共性』を特権的に担っている，あるいは担うべきといった『内向き』の傾向が強かった。これに対し現在のメディア環境の中で放送がどの程度の機能をはたしているのか，ICTによって個人の表現活動が活性化する現在の環境でどの範囲の役割を放送が担うのかが表現の自由全体からみて最適なのかといったような，放送の『内』と『外』の間での視線の往復を可能にするといえる」と論述する。ここには，「放送の公共性」を放送事業者にとって与件としてではなく，他の情報行動との関係で放送が主体として実現すべき行為として捉えようとする姿勢が見られる。
　こうした視点からは，当然のこととして「放送の同時同報性的性格は……放送の社会的役割の中の特に『民主主義の健全な発展』及び『基本的人権の共有の促進』と密接に結びつく」がゆえに，「放送と通信の融合・連携が進む中でなお放送規律を維持するならば，その最大の正当化理由は，放送事業者の言論報道機関としての役割を維持し，高めていくことに求められるべきであろう」という論旨が導き出されるのだが，これは冒頭の「放送事業者は，国家から規制を受けるのと引き替えに，特権的な地位を享受しているのではないか」という疑念への答えを，放送事業者に求めているのである。そこから，ジャーナリズムこそが放送にとってその存在理由でありまた当為でもあるということを読みとるべきであろう。そうであればこそ，そこに放送における表現の自由が表現の自由一般と区別される理由があるのであり，かつそれが国民の知る権利の

充足を制度課題とすることの合理性とされるのである。

　しかし，そうであるとしても，なお「社会の多様性を通じて，とりわけリテラシーの高い視聴者の批判と評価の下に置かれながら，基本的情報の内容が確定されていくというプロセスが望ましい」のであって，「ジャーナリズムが発揮されやすい環境を整備するためにも，番組編集準則のうち公平原則については，民間放送に対する運用の可能性を法律上排除するか，少なくとも法的拘束力を否定する解釈の確立が望まれる」，「公平性の確保それ自体を公衆一般の批判と評価の下に置くことが必要」という提言について，民間放送事業者はどう答えるのであろうか。これもまた，「特権的地位」に自らを置こうとするか否かにつながる問いかけであろう。

第2章　放送事業におけるガバナンスと市場原理：小塚委員

　小塚論文の特色は，コーポレートガバナンスという観点から放送業界をみることで，放送業界の構造上の問題を摘出し，今後の放送業界のあり方を論じたところにある。

　小塚論文は3つの重要な視点から構成されている。

① 放送法制を設計する上での制度目的は「放送の多様性」にある。何故ならば「民主主義国家においては，放送によって提供される言論，とりわけ政治的な言論が多様性を保ち，特定の政治勢力に独占されないことが，決定的に重要である」からだ。

② その上で，この放送の多様性の実現について，伝統的な免許制度の下ではその達成が不十分であると考えられることから，近年市場アプローチ（市場メカニズムの利用）が提唱されていると指摘しつつ，制度によるだけでなく放送経営に関する多様な関係において放送を捉えようとする。

③ 日本の放送業界は民放とNHKとの二元体制であり，この二元体制がNHKのエイジェンシー問題（Ⅱ-1参照）を規律する仕組みとして機能するべきである。その理由は，「一般的に，公益法人等の『所有者のいない企業』（ここでは，NHKをいう……筆者註）は常にエイジェンシー問題に直面するが，

商品市場で競争圧力にさらされれば，結果的に経営の効率が損なわれないことが知られているから」だという。民放の場合は，会社法制に委ねられている。

現実的にはNHK，民放ともガバナンスの仕組みが機能せず，いわゆる「不祥事」が多く発生し，放送内容の多様性を損なう事態が出現した。小塚はいくつかの不祥事を分析しつつ，以下のように集約する。一般論としていえば，コーポレート・ガバナンス上の問題を解決するために，政府が事業者の行為に対して直接規制を課すことも政策上の選択肢にふくまれるが，放送法制の場合，行為規制は必然的に放送内容規制となるため，これを避けるためにも放送業者はBPOの機能強化を選択し，また不祥事を起こした放送局が「自発的な経営機構改革」を行うことになった。この経営改革は「株主利益代表と公益代表が対等の立場で議論をし，モニタリングの役目を果たす」というステイクホルダー・モデルに近いものと考えられるが，現実的にはそれが持続的に機能しているとみなし難い。また，放送法改正によるNHKのガバナンス強化についても，コーポレート・ガバナンスの視点からの認識が不足していると思われる，とする。

そこから，小塚は次のように市場の競争を通じたガバナンスに論を進める。
放送市場には3つの場があり，市場として十分に機能すればガバナンス効果を期待できるが，実態としてはいずれも欠陥がある。
第一は商品（放送サービス）市場であり，放送法改正によって，ハード・ソフト分離型の導入，周波数の他の目的使用の容認，マス排緩和など，市場活性化要因が導入されたが，いずれも「周辺的」なものにとどまっている。
第二は資金調達市場であるが，2011年の法改正による認定放送持株会社制は，経営権を株式買収により取得する可能性を排除したものであり，これは資本市場の規律の棄損とみなすことができる。
第三は放送コンテンツ調達市場であるが，ここでも閉鎖性が著しく認められ，「放送コンテンツの製作取引適正化に関するガイドライン」も放送局の優越性に対して「控えめな市場規律」であって，「寡占的市場構造」の抜本的な解決

に至っていない。

　このように考察したのち，小塚は以下のように論ずる。

　放送法制の目的が多様性の実現である以上，放送事業者に対する適切なガバナンスが働くようにすることが重要である。しかし，二元体制という日本の放送体制が有効に機能する前提は，「民放がエイジェンシー問題を会社法・市場規律によって克服し，NHKに対する有効な競争者として存在すること」であるが，「現状では，民放のエイジェンシー問題を解決する仕組みも極めて脆弱」である。そして最後に，民間放送事業者が自ら，独立取締役の登用，コーポレート・ガバナンスの実効性を損なう敵対的買収防衛策の放棄，ネットワークの自由化，などに取り組むことが必要であり，これを回避し続けると，「放送事業全体が地盤沈下していく」と小塚は警告している。

　「放送の将来像と法制度研究会」の報告書で，小塚は「放送の公共性は市場を通して実現されるべきである」という趣旨の論理を示したが，その考え方は本論でも一貫している。筆者は，「公共性は制度で担保されるのではなく，行為として示されるべきだ」と考えているので，放送局が経営として選択する行為は市場において現れることに同意するが，同時に市場メカニズムとは異なる〈場〉は存在しえないのかどうか，この点はさらに踏み込んだ考察が必要ではないかとも考えている。

第3章　情報のデジタル化と伝送路・端末の多様化：小向委員

　小向論文は「放送と通信のデジタルによる規格の統一」が「端末と伝送路の共有の簡素化」をすすめている，という基本認識を確認することから始まっている。

　小向は，そもそも放送市場は「広告主と視聴者という二種類の顧客が相互にネットワーク効果を持つ『二面市場』」であることが特徴的であるという。「二面市場」とは「複数属性の顧客間でネットワーク効果（正の外部性）が相互に働く場合に，それらの複数属性顧客を対象にする市場」をいうと捉えている。例えば，広告収入による運営の場合，視聴者に課金しないというプライシング

の合理性が「正の循環」として作用してきたが，これは，旧来の放送市場が〈コンテンツの優位性＋チャンネルの希少性〉という構造に支えられてきたからである，とする。

ところが，〈端末と伝送路の共有の簡素化〉が放送市場に揺らぎを与え始めた。このため，小向によれば，これからキー局は制作力とブランド力を活かすという選択がありうるが，ローカル局の場合はそうした経営資産に乏しいため，ネットワーク番組とローカル番組における収入構造の明確化とコストの相関性の認識が求められ，さらに踏み込んでいえば，ローカル局は①伝送路に特化する（番組はキー局からの配信）か，②マーケットサイズの拡大に努めるか，を迫られるであろうが，①は地域性，すなわち放送局の存在理由の喪失につながる。したがって，〈安定的な伝送路の維持＋地域重視〉を成立させるためには，ローカル局の収益性と存在意義の見直しは避けられない，と論じている。

2011年の放送法改正において放送に対する規制はそのまま維持されることになったが，これについて小向は，伝送路が影響力の源泉である限り規制の客観性が成立するが，伝送路の多様化が進行すれば，何処に客観的で公正な基準を求めるかが重要になると強調している。

また，改正放送法では「基幹放送」と「一般放送」の区分が設けられたが，「基幹放送」については，従来からNHKと民放が果たしてきた「あまねく努力義務」のように，一定の品質が保証されたコンテンツを一定の地域全域に安定的に同時に送り届けることが求められるであろうという見方を示している。その上で，基幹放送の機能が，放送を家庭まで送り届けることであるとすれば，その本質は伝送路の確保ということになるが，ここでも伝送路の多様化が進展することにより放送波によるサービスの特殊性は解消されることになり，したがって，地域免許制度の区分の維持は困難になるであろうという見通しが示されている。また，再送信問題についても，今後は「メディア自身が，どのようなコンテンツをどのような範囲に送り届けるかを決めるという，メディアの品質管理の問題になっていくであろう」と指摘する。

小向の見解の要点は，情報技術の進展が放送市場の構造を変化させつつあり，

したがって放送経営の見直しは避けられず，また法制度も今回の法改正の先にさらなる柔軟な規制体系が求められるであろうという見方を示した上で，第一に番組規制根拠の客観化こそが今後の放送法制の重要な課題であり，第二に，放送業界にとっては，特にローカル局の存在理由とその成立条件についての検証が欠かせないというところにあるといえよう。

第4章　放送産業における市場と規制：春日委員

春日論文は，「産業としての放送」という視点を基本とし，その特徴を「乖離」（対応関係の不一致，またはズレ）というキーワードで捉えようとする。春日によれば，「乖離」には次の4つの関係があるという。

① 利用者と支払う主体の乖離

　この乖離関係には，さらに視聴率と広告収入の関係の乖離（例：契約時の想定値と実測値，放送時点視聴率とイメージ向上効果，スポットCMと番組単位の収支関係，などの不整合）がある。

② ネットワーク加盟局における番組制作と〈規模の経済効果による自社制作外番組〉という乖離

③ 放送市場は政策意図に沿って誘導された市場であり，これと市場メカニズムとの乖離＝放送普及基本計画により事業者数が決定される市場としては，最大6系統と相対的に多数であること。

④市場競争に対する事業者意識と客観的に観察される市場状態との乖離

　＝「差別化最小化原理」により，より幅広い視聴者の支持を求める（合理的変更の）結果として，番組差別化が働かない状態が出現する（ホテリングの差別化最小化原理）。

こうした乖離は放送という閉鎖的システム内の問題であるが，これに対して現在は外部からの開放圧力が高まりつつあるとして，三点を指摘している。

① 放送市場の多様化による条件が異なる事業者間の視聴時間の争奪

② 放送市場外（24時間のサービス消費）における需要と供給の乖離の拡大，競争相手の確認の困難性の増加

③ リアルタイムとの乖離

このようにして，全体として放送ビジネスモデルと情報環境の関係で乖離が進行している，という。

しかし，こうした「多様なメディアが存在し利用者が選択できる環境を確立することは非常に重要な課題」であり，その際「市場原理の採用が最も分かりやすく透明性が高い」としつつも，「メディア特有の規制との調和をどう図るか」が大きな争点になるという見方を，春日は示している。さらに，市場原理を採用する場合にも，日本の放送市場における公共放送（NHK）のシェアは17.4％であり，これを無視しえないとし，市場化と公共放送について検討することが重要であるとしている。

春日は，今後放送産業もオークションを利用した市場ベースの取引を求められる可能性があるとしたうえで，地デジ完全移行により地上民放テレビの利用周波数帯域が縮小して，「公共性」を理由にした束縛の程度の低下したことを積極的に評価するべきであり，成熟から衰退というサイクルに入っている産業としての放送は，競争（閉鎖的な乖離の開放圧力）に晒された場合でも，コンテンツによる生き残りの努力を行っていくことが肝要であるという。

最後に，2011年の放送法改正は，放送関連法の一本化により「産業論的視点」が提示されたものであり，コンテンツというアドバンテージをもつ放送は，こうした産業論的視点の議論を歓迎すべきであるとする。こうした変化を踏まえつつ，放送サービスの社会的影響力は当分の間残るため，制度設計としては伝統的な放送の責務を規定する制度の存続との間でのソフトランディングが望まれると述べている。

進行しつつある情報環境の変化に放送が対応するためには，市場における選択が最も重要だという点で，春日の見解は小塚と共通するが，放送の影響力とそれに関わる伝統的規制については，春日は慎重に配慮している。

第5章　放送行政・制度と民放の対応：砂川委員

砂川は，冒頭で，民放は株式会社としては株主利益のために行動することは

当然としつつも，同時にメディア企業として文化の向上やジャーナリズム活動を行う以上は放送法制に対する基本スタンスは「攻め」の発想が必要だとする。ここでいう「攻め」の発想とは，「かくあるべし」の意味であろう。その上で，新・放送法の問題点を4点指摘する。

(1) 新放送法からは「21世紀の放送ビジョンが見えない」。その理由の一つは，NHK・NTTを検討の埒外に置いたことである。電気通信におけるNTT，放送におけるNHKという巨大にして特殊な存在について制度上の見直しを行わないのでは，新しい情報社会のビジョンは描けない。

(2) 新放送法は，従来の関連4法を統合した「巨大法」であって，施行規則だけでも218条という難解な体系のため，市民にとって身近であるべきメディア法が市民からかけ離れた存在になってしまった。

(3) 放送の定義変更による問題点が明らかになった。

　新放送法では，「放送とは公衆が直接受信することを目的とした電気通信による送信」とされたが，インターネット放送は「通信」に区分される。その理由は「同時かつ一方的」であるかどうかとされている。通信・放送の融合の論議の中で，インターネットの規制に対する強い反発があったこともあり，新法でも規制の対象にならなかったが，今後インターネット上の情報が「同時かつ一方的」なものとして登場すれば，インターネットも放送の規制対象とすることが想定されていると考えられる。

　この「定義の変更」は，「著作権法」との関係においても不整合を生じている。

　さらに，「基幹放送」と「一般放送」という区分も不明確で，その判断は行政に委ねられることになるため，行政権限の裁量の幅が広がることになった。

(4) 法改正によって規制強化事項が増加した。

　ハードソフト分離型の事業形態を基本としたことにより，事業免許型が一般的になり，その結果行政の番組への直接介入が可能になった。そもそもの施設（無線局）免許の趣旨は，番組内容規制から放送をガードすることにあ

ったのだが，この間接規制というあり方は，ハード・ソフト一致型を選択した地上放送に限っての「経営の選択肢」とする例外措置とされてしまった。ここでも，行政権限の拡大がみられる。

　砂川は，このように新放送法の問題点を指摘した後に，放送事業者の今後の対応について，以下のように提言する。
　「放送法1条」は「憲法21条を反映している。憲法の規定が個別法に反映されるのは極めてまれであり，このことの意味を放送事業者は自覚しなければならない。何よりも，法は行政を律するものであるべきで，放送法にある「不偏不党」「真実・自律の保障」「表現の自由の確保」を守るべきなのは権力なのである。こうした放送法の根本を踏まえて，放送事業者は「自主自立」という原点に返るべきだ。その場合，在京キー局は他の民放事業者と同一に論じられない。在京キー局は，いわゆる「コングロマリット化」が進んでいて，その結果，企業論理の優先が経営命題となっているが，そうであればこそ「公益性の自覚が必要」なのだ。
　放送事業者の「自主自立」とは，自主規制によって「良い番組」をつくることであり，そのようにして制作された番組こそ商品に値する。こうした「攻めの自主規制」が「自主自立」を可能にする。以上が，砂川の提言要旨である。

　砂川は，冒頭で放送法制に対して「攻め」の発想が必要だといっているが，結語としても「攻め」という言葉で締めくくっている。
　砂川論文の大きな論点の一つである放送とインターネットの関係について，放送と通信の関係のさらなる進展状況を踏まえて〈放送の規制とインターネットの自由〉というテーマが一層深められることを期待したい。

第6章　寄稿　2011年放送法改正の概要：堀木 民放連企画部長

　堀木は民放連の制度問題を担当する企画部に籍を置いている。放送法改正についても，民放業界の意見集約と行政の動向について事務局としてフォローし

てきた。こうした立場から，2011年の法改正に至る放送法を巡る議論にも深く関わってきた。

　今回の堀木論文は，改正放送法の概要を整理解説したものである。各委員論文は放送法改正を前提にしているということを考えると，まず堀木論文を通読したうえで，各委員論文を精読するのも，本書の読み方の一つであるといえよう。

　第2部「放送番組と視聴者・聴取者—その現在と将来」は，番組分析を軸にした中町論文と，視聴率調査のあり方を論点とした渡辺論文で構成されている。

第2部　放送番組と視聴者・聴取者—その現在と将来

第7章　テレビ番組の社会的機能とその将来
〜娯楽番組をめぐって〜：中町委員

　中町の関心はもっぱらテレビ番組である。

　中町のアプローチは，「テレビが時代と密接に関わっている」という前提に立つのであって，それはニュース報道やドキュメンタリーだけでなく，バラエティーもドラマも時代と深い関係の中で制作されていると捉えるところにある。人間の普遍と時代感覚の双方が描かれて初めて優れたドラマといえるのだ，とする中町は，ここにテレビの今日性（時事性）とコミュニケーション活動としての機能を見出している。

　こうした前提に立って，中町はどのような表現手段，伝達手段を通してコミュニケーションしてきたかを，他の媒体と対照しつつ3つの方向から把握しようとしている。第一は，映像・音声という「人間の魅力」を通してであり，たとえば，ニュースキャスターの表情それ自体が情報である。第二に，「家族の価値」を通してであって，家族をテーマにしたドラマを家族の関係でみるという二重構造あるいはニュースを家族で見るという視聴状況がテレビには大きな

意味をもつということである。第三に，「参加」を通してということで，これは視聴者参加がテレビの初期からの重要な方法であると同時に，テレビ番組に組み込まれた重層的な情報（ドラマのストーリー，俳優，ファッション，都市の情景，音楽，など）に視聴者が関わる＝参加という関係が成立するという。

　中町がここで特に強調しているのは「総合編成は，放送法に謳われて」いて放送局は番組間調和を求められているが，「一つの番組がすでに，複数（複数の情報，複数のジャンル，複数の機能）の要素を詰め込んでいる」ということである。テレビのこの雑学的な優性遺伝の特性についての指摘は貴重である。

　こうしたテレビ表現の特徴を踏まえたうえで，中町はテレビという技術革新が生み出した固有の表現として「中継の思想」を取り上げ，「〈現在〉を〈持続〉して見る＝過程を見つめることの価値」が多くの番組を開発してきたことを評価しつつ，しかし2000年代に入ると「瞬間的な状況の表現」と呼ぶべき手法が増加していることに加えて，文字情報の多利用にもテレビの方法的変化をみようとしている。こうした方向は視聴者をひきつけることを意図しているとしても，その結果はテレビ番組の画一化をもたらしているのであって，「（テレビの）表現の根底に求められたのは時代との緊張関係」をテレビはいま失っているのではないか，と憂うるのである。そして，最近では，BSや地方局制作の番組で「時代との緊張感」を強く感じる番組がみられる，と指摘する。

　そこから翻って，「放送の公共性」は番組にブレイクダウンして現れるのであるから，メディアの多様化状況のなかで「テレビに公共性が求められる（期待される）以上，テレビ単体としての多様性の確保は避けて通れない」というのが中町の結論である。

第8章　寄稿　メディア利用行動の変化と将来：渡辺　上智大学教授

　渡辺は長くテレビ局で視聴率分析を行ってきた。本論では，テレビ視聴状況に関係するいくつかの調査研究に触れつつ，ソーシャルメディア時代の視聴者像の把握の方法を考察している。

　まず，JNNデータバンクの全国調査から，テレビ視聴態様の中長期的変化

として1990年代前半を境に「テレビの環境化」が進んだことを取り出し，その延長上の問題意識として東京大学の橋元良明と電通総研の調査結果に注目している。この調査では，2000年代に入るとネット上のソーシャルメディアのサービスが次々と生まれる中で，世代間の特徴が顕著にみられるとする。特に，96世代とよばれる年代はモバイル動画利用によるタイムシフト，プレイスシフトが特徴として明確だという。

渡辺は，現在の視聴率調査では，こうしたタイムシフト，プレイスシフトがカバーされていないので，「新しい世代が視聴者環境の中核となっていく中で，テレビが生き残り発展していくためには，視聴率評価の「思いきった革新も求められるであろう」と指摘している。

渡辺は，ソーシャルメディアにはコミュニティ（共同体）感覚のネットワークとソサイエティ（社会）感覚のネットワークが入り混じっているのであって，その意味では「半分だけ『ソーシャル（社会的)』」なメディアではないかとみている。これに対して放送は「放送の本質的機能の一つがその客観的時間の告知」であるところから「放送はまさに社会的メディアなのである」という。

こうした認識を示したうえでテレビとソーシャルメディアの関係を把握しようとするが，そのためにテレビ番組についてのウェッブ上のクチコミに注目した岩田幸也・坂井政文の研究を紹介している。そこではクチコミにおける「近い価値観を持った人同士」の「共振・共鳴行動およびその現象をレゾネーション」，そのように行動する人を「レゾネーター」とし，「番組から発せられる情報の浸透度や影響度を考えた場合，視聴率のみが高い番組よりも，レゾネーターが多いと考えられる番組の方が浸透度・影響度・密度が高い可能性があり，その情報波及が起こる可能性が高いと思われる」ため，この指標は「深さ（デプス）を捉える価値尺度」になりうるのではないかと報告されていて，渡辺もこれについて「視聴率とは別の客観尺度」としてその可能性に期待している。

また，従来のアンケート調査に比べソーシャルメディア分析が優位なのは「番組・放送に関する意見収集自体が随時に行える」ことであり，「番組品質の管理情報として適宜制作現場にフィードバック」できる方法だと指摘する江利川

滋の研究や，「『伝送路（＝縦の解路）』としてインターネットを位置づけるのではなく，むしろ番組を介した視聴者相互のコミュニケーション，すなわち『横の回路』をつくりだすことこそ，インターネットがもつポテンシャルを最大限に活用することになるはず」という考え方をもとにして行われた，NHK放送文化研究所と放送技術研究所によるVODとSNSの機能を兼ねたサイトの実験にも関心を示している。

こうした研究事例について，渡辺は「さまざまな主体がテレビ番組とソーシャルメディアの連携を探っている」というのだが，そこにテレビが過渡期あるいは転換期にあることへの渡辺本人の危機意識をみることができるだろう。

最後に，「新しい時代のオーディエンス測定のためには従来の視聴率からさらに進化した『新しい視聴率』に推移すべき」（たとえば，「ウェッブと連動する」複合的な視聴率）という考え方を，あらためて示している。しかし，渡辺自身が語っているように，視聴率はビジネスモデルに組み込まれた〈方法〉として生みだされ，そのように機能しているため，その変更は現在のビジネス構造で作用している慣性の法則の乗り越えが避けられず，したがって，それは容易なことではないのである。

第3部「3.11を通して考察したソーシャル・メディアと放送メディア」は，東日本大震災がメディアにとって何だったのかを考えるための問題提起として書かれている。

第3部　3.11を通して考察したソーシャル・メディアと放送メディア

第9章　〈3.11〉はメディアの現在をCTスキャン［断層撮影］した　－マスとソーシャルを考える－：前川委員長

「はじめに」で述べた通り，本書は各委員が2011年の放送法改正を一つの焦点として，研究会報告書の論点をさらに深めることを企図したものである。

しかし，拙論は筆者が2011年3月11日の東日本大震災がメディアに与えた影響の大きさに衝撃を受けたため，「〈3.11〉とメディア」というテーマに意識的に限定して書かれたものである。長く放送の現場とメディアポリシーに関わってきた者として，〈3.11〉とメディアを巡るさまざまな思いを，「自分が何をしてこなかったか」ということも含めて，放送論の総括試論として書いておきたいという強い欲求に駆られたのだった。大括りの構成としては，(1)テレビはどこまで深く〈3.11〉を伝え得るか，(2)東北被災地視察レポート，(3)マスとソーシャルを考える，の3点を軸としている。放送の法制度に関する問題意識と論点は，各節に織り込まれているので，そこから筆者の考えを汲み取っていただければ幸いである。なお，拙論は2011年11月段階で執筆したものであるが，その後筆者のテーマに関わるもので大きな刺激を受けた出版物が刊行されている。その中から，特に大澤真幸の『夢より深い覚醒へ―3.11以後の哲学―』(岩波新書)，伊藤守『テレビは，原発事故をどう伝えたのか』(平凡社新書)の二冊をあげておきたい。

―――――――――

　今回，本書の冒頭で各委員論文のサマリーを担当することになり，論文全部を読んで多くの点で触発されたが，特に放送法改正と筆者の問題意識の接点として意識したのは，以下のとおりである。
① 放送の主要な制度課題は「多様性の実現」にある。
② 放送情報の信用は制度によって担保されるのではなく，行為によって示される。
③ メディア環境の急速な進展は，情報主体としての放送にこうしたあり方をさらに求めるであろう。放送の公共性とはこのようにして構築される。
④ 「公共の電波」を免許されることの優位性は相対化されつつある。それは放送の規制根拠を，周波数という物理的与件に求めることから解放されることを意味する。
⑤ 規制の客観性は視聴者＝情報享受者との関係性において明らかにされるべきである。

⑥　その場合，市場メカニズムが有効に機能することが極めて重要な要因である。「公共性は市場を通して供給される」とはその意味である。
⑦　しかし，ある条件の下では放送市場にも差別化最小化原理（画一化）が働く場合がある。
⑧　また，人間の本質的行為としてのコミュニケーション（伝達・表現）は，市場力学の外で成立している。それが，放送にとってどのような意味をもつかが問われている。
⑨　今後の放送にとって，ソーシャル・メディアとの関係は特に重要である。それは，メディアの機能としてだけではなく，メディアと視聴者との関係を測定する役割としても研究されるべきである。
⑩　放送はすでに「特別な立場」に置かれていない。「特別」ではなく「然るべき」立場に立つためには，国民の「知る権利」に応えるに足る表現行為（番組制作）の継続しかあり得ないのである。

第1部

放送を巡る制度と事業者
―その現状と将来

第1章
放送の規律根拠とその将来

宍戸　常寿

I　放送法による規制

I-1　問題の所在

　放送法は，1950年の制定以降，しばしば「唯一の表現内容規制立法」と呼ばれてきた。「60年ぶりの大改正」である2010年改正を経てもなお，地上波テレビ放送に対する規制は維持されている。このような放送法上の規制に関しては，放送が国家権力によって規制されなければならないのはなぜかという問いが，常に伴ってきた。この問いは「放送による表現の自由が，国家権力によって迫害されているのではないか」という問題関心だけからなされるのではない。むしろ「放送事業者は，国家から規制を受けるのと引き替えに，特権的な地位を享受しているのではないか」という疑念もまた，この問いの背後に潜んできたのである。

　情報通信技術（ICT）の進展による放送と通信の融合・連携，国民のメディア利用の能動化，そして視聴者意識の多様化と「テレビ離れ」現象は，後者の疑念を裏書きすると同時に加速させているように思われる。そうだとすると，放送から特別の規制と権利を奪い，表現活動一般に解消していくべきではないのか。放送の自由を表現の自由一般から区別する理由は何かという問いは，既に純理論的な領域を踏み越えて，放送に携わる者すべてにとって，重くのしかかっている。本章では，地上波テレビ放送を念頭に置いてその規律根拠に関す

る議論の動向を紹介し，若干の論点を検討することにしたい。

Ⅰ-2　地上テレビ放送に対する規制のしくみ

　放送規制の出発点となるのは，法律上の放送の定義である。旧放送法2条1号によれば，放送とは「公衆によって直接受信されることを目的とする無線通信の送信」であった。この定義を前提にして，まず，「放送事業者」（旧放送法2条3号の2）となるには「放送をする無線局の免許」を受けなければならない（旧電波法5条4項）。第2に，放送事業者は国内放送番組の編集に当たって，①「公安及び善良な風俗を害しないこと」，②「政治的に公平であること」（公平原則），③「報道は事実をまげないですること」，④「意見が対立している問題については，できるだけ多くの角度から論点を明らかにすること」（多角的論点解明義務）とする番組編集準則に従わねばならない（旧放送法3条の2第1項［現4条1項］）。第3に，テレビ放送による放送番組の編集に当たって原則として「教養番組又は教育番組並びに報道番組及び娯楽番組」の調和を保たねばならない（3条の2第2項［現106条］）。第4に，放送番組審議機関の設置が義務づけられる（3条の4［現6条］）。第5に，真実でない事項の報道をした場合には，その放送をした放送設備と同等の放送設備により訂正放送をしなければならない（4条［現9条］）。第6に，旧電波法7条2項4号に基づき定められた総務省令「放送局に係る表現の自由享有基準」は，同一の者が複数の放送事業者に対し一定以上の議決権を有することを規制していた（マスメディア集中排除原則）。

　こうした規制のうち，放送による表現に対する規制として特に直截かつ強力なのが，第1の免許制と，第2の番組編集準則とりわけ公平原則である。もう少し詳しくみると，総務省令「放送局の開設の根本的基準」は，旧電波法7条2項5号を受けて放送局に対する免許の要件を具体化するものであるが，そこには番組編集準則と同一の内容が掲げられていた。このため，放送免許は直接的には放送施設を対象としつつ，間接的な形で放送事項に関する審査にも及んでいたのである（塩野 1989：59以下）。

II　表現の自由と「放送の自由」

II-1　表現の自由の多様性

　このような放送規制は，表現の自由を保障する憲法21条に反するのではないか。一般に，表現の自由は憲法の保障する人権の中でも特に重要なものと考えられている。その理由は，「思想の自由市場」論を前提に，個人の人格の自由な発展を保障し，公的な意見（世論）形成を通じて民主的な政治的決定に貢献する価値が，自由な表現活動にはあるからだ，と説明されてきた（芦部 2000：248以下）。そうすると，とりわけ公平原則は，表現の内容に着目してそれを規制するものであって，重大な表現の自由の侵害に当たるのではなかろうか。このような観点から，他の表現活動の規制としては許されないにもかかわらず，放送だけは規制して良いとする特別の根拠は何かという形で，放送の規律根拠は議論されてきたのである。

　しかしその詳細に立ち入る前に，そもそも表現の自由が一元的に理解されてきたわけでないことにも，注意を喚起しておきたい。印刷・放送技術の発達により，表現の「送り手」の地位をマスメディアが独占し，他方で一般の国民はその「受け手」に甘んじざるを得ない状況を前提として，国民の「知る権利」という観点から表現の自由を再構成しようというのが，学説の有力な傾向であった（芦部 2000：261以下）。最高裁判所も，博多駅事件決定（最大判昭和44・11・26刑集23巻11号1490頁）において，「報道機関の報道は，民主主義社会において，国民が国政に関与するにつき，重要な判断の資料を提供し，国民の『知る権利』に奉仕するものである」と述べる等して，報道・取材の自由にそれなりの保護を認めてきた。ICTが発展する以前の「表現の自由」は，法的取り扱いとしては，個人＝「アマチュア」の自由と，マスメディア＝「プロ」の自由の，異質な2つの権利に分化していたのである（曽我部 2011a：44以下）。

II-2　放送の自由

　そして，「放送の自由」がマスメディアの自由に属し，国民の「知る権利」

を充足するためであれば一定の規制も許されるとの見方は，現在の憲法学界で広く支持されている（鈴木 2000：309，曽我部 2007：17）。より詳しくいえば，一方で「放送による表現の自由」（放送法1条2号）もまた，憲法の保障の下にあることは疑いない。しかし他方で，そもそも放送局の免許を受けた者にしか観念できない「放送の自由」は，個人の自由はもちろんのこと，法的には自由に発行できる新聞・雑誌とも異なる性質を有している。このことからすれば，放送法が，あたかも自然権のように所与としてある「放送の自由」を，後から規制しているという見方は，事柄の一面しか捉えていないことになる。むしろ放送法のしくみ（放送制度）には，国民の知る権利のために「放送の自由」を現実化するという側面があるといえる（宍戸 2005：141以下）。

　このことを，民間放送事業者に則していえば，次のようになる。放送事業者の自由は，もちろん尊重されなければならない。しかしそれは，個人が表現の自由を任意に行使して良いのとは，事情が根本的に違う。放送事業者の表現の自由は確かに自らが表現したいことを表現する自由であるが，それは視聴者の知る権利をどのような内容で，いかにして満たすかについての自由だからである。さらに，新聞・雑誌が自ら表現したい内容を自由に表現することが，結果的に国民の知る権利に奉仕するとか，あるいは国民の知る権利に奉仕することを自ら意図して表現の内容や方法を選択するのとも，事情はやや異なる。放送制度の課題は，あらかじめ放送事業者の自由が国民の知る権利の充足と一致するように，「放送の自由」を現実化することにあるからである。番組編集準則は，その核心とされてきたものといえる。

　このように考えてはじめて，放送の規律根拠は何かという問いの意味は，正しく理解できる。それは，「放送の自由」が制度的な自由であるのはなぜか，言い換えれば，国家による制度化が正当とされてきた理由は何かを，問うものなのである。

II-3　「放送の公共性」の問題点

　ところで，このように問題を設定した段階で，自ずと「放送の公共性」とい

う観念を想起する読者も多いであろう。しかしこの「放送の公共性」は，いまなお放送規律のあり方を考える上で正しい実体を含んでいる反面，その取り扱いがきわめて難しい観念でもある（宍戸 2008：172以下）。まず，しばしば「放送の公共性」の具体例として災害放送（放送法108条）があげられる[1]。なるほど2011年の東日本大震災においても，各放送局の災害放送が機能し，多くの人命を救ったことは確かであるが，もし災害報道のためだけであれば気象庁等が放送波を確保するなり災害報道専門チャンネルなりを準備すればよいということにもなろう。つまり災害報道があるから放送が「公共」的になるのではなく，それはもともと「公共」的な放送が災害時に採った姿のひとつに過ぎない，と考えるべきではないか。

次に，「放送の公共性」の意味合いは，それが用いられる文脈によって大きく異なることにも注意しなければならない。一方では，J. ハーバーマス流にいえば「システム」化した放送を「生活世界」の側に取り戻し，「市民」に開かれたメディアへの変革を求める現状批判のことばとして，「放送の公共性」は用いられてきた。その反面で，放送業界が危機に見舞われる度に，異業種の参入であれ政府の電波・放送政策や行政指導であれ，それを放送事業者の側から批判する錦の御旗として「放送の公共性」が持ち出されることも多い。政府や政治家がこの観念を放送介入の根拠として利用することも，もちろんある。

そして現在では，能動的に ICT を活用し「テレビ離れ」している層からは，放送業界が「放送の公共性」を持ち出すことに対して，「公共性を僭称するもの」という厳しい視線が向けられている。そしてこのことには一定の理由もある。それは，この観念が，何をどこまで達成すれば「公共性」を実現した／しなかったという判断の手掛かりを含んでいないため，批判的に用いる場合は放送のあり方を全否定するように聞こえるし，逆に放送業界がこれを用いる際には，そのありようを際限なく是認するように響いてしまうからである。

III 伝統的な規律根拠論

III-1 2つの伝統的な規律根拠

　従来，①周波数の有限希少性と，②放送の特殊な衝撃力が，放送の規律根拠論として挙げられてきた（鈴木ほか 2009：105以下［西土彰一郎執筆］）。①は，放送用電波の混信を防ぐためには政府が周波数帯を割り当てる必要があり，その結果として利用可能な周波数帯は需要と比べて希少となる。そこで希少な周波数帯を有効に利用するために，放送事業者の選別や放送内容の規制が必要だ，というものである。これに対して②は，放送が「お茶の間」に直接侵入し，即時かつ同時に動画・音声によって視聴されるために，他のメディアと比較して強い衝撃を与えること，とりわけ青少年にとって視聴容易なメディアであるために弊害が大きいことを理由に，規制を正当化するものである。

　これらはいずれも，地上波テレビ放送の技術的特性を規律根拠とするものであり，とりわけ①に力点が置かれてきた（片岡 2001：190）。他方で最高裁判例は，いずれも放送の規制の合憲性が直接争われた事件ではないが，放送が「直接かつ即時に全国の視聴者に到達して強い影響力を有している」（最判平成2・4・17民集44巻3号547頁），「テレビジョン放送をされる報道番組においては，新聞記事等の場合とは異なり，視聴者は，音声及び映像により次々と提供される情報を瞬時に理解することを余儀なくされるのであり，録画等の特別の方法を講じない限り，提供された情報の意味内容を十分に検討したり，再確認したりすることができない」（最判平成15・10・16民集57巻9号1075頁）等と述べており，②の事情を現実のものとして承認している。

　しかし①は放送の割当ての必要性を根拠づけるにとどまり，放送内容に対する規制の根拠とはなりにくい上，そもそも希少財であることを理由に許可制を採用するという論理は他の財と比較して説得力を欠く（齊藤 2009：406）。②についても，他のメディアと比較してインパクトの大きさを科学的に立証することはできないとの批判があった（齊藤 2009：409）。しかし憲法学の支配的見解は，民間放送には，広告収入の最大化を目指すがゆえに，番組内容が通俗化・

画一化する傾向があるとの理由づけを①②に追加した上で，放送の規律根拠を説明してきたのである（芦部 2000：303以下）。

Ⅲ-2　番組編集の自律

先述したとおり，放送規制の中で特に激しくその合憲性が争われてきたのは，公平原則であった。この原則は「放送の不偏不党」（放送法1条2号）の保障を具体化するものであるが，そもそも表現の自由とは自らの意見を主張し他者の意見を批判する自由であり，そうした競争を通じて公論が形成されるというのが「思想の自由市場」論であることからすれば，公平原則が特に強く問題視されたのはけだし当然といえよう。しかしここで注意すべきは，放送法が公平原則を含む番組編集準則に先立って番組編集の自律について定めていることである（3条）。このため同準則の第一次的遵守が政府の規制ではなく放送事業者の自主規制によるものだということには，行政解釈を含めて，広汎な見解の一致がある（金澤 2012：55）。放送について「規制」と「規律」の2つの語がしばしば相互互換的に用いられるのはこうした放送法のしくみと関わっており，放送事業者の自律をも含んだ文脈で放送規制を捉える意味で，「規律」とか「規律根拠」という表現が好まれるのである（舟田 2011：38）。

このように，番組編集の自律，換言すれば放送事業者の表現の自由は，やはり放送法1条2号が放送の「自律」を同法の目的として掲げたことを受けたものでもある。NHK期待権訴訟最高裁判決も，これらの規定が「放送事業者による放送は，国民の知る権利に奉仕するものとして表現の自由を規定した憲法21条の保障の下にあることを法律上明らかにする」ものであり，「放送事業者がどのような内容の放送をするか，すなわち，どのように番組の編集をするかは，表現の自由の保障の下，公共の福祉の適合性に配慮した放送事業者の自律的判断にゆだねられている」ことを強調している（最判平成20・6・12民集62巻6号1656頁）。

その上で問題の焦点は，番組編集の自律によっても公平原則等が確保されていないということを理由に，無線局の運用停止命令・運用制限（電波法76条1

項）や免許の取消（旧同条3項〔現4項〕）をなし得るか，またそうした権限を前提とした番組内容に対する行政指導が許されるか，という点にあった。電波法自身が行政権限を発動できる場合を「放送法」違反と記するにとどめていたこともあり，1980年代以前の行政はこの点に消極的な姿勢を取っており，学説も編集準則は倫理的規定であってその違反を理由にした行政処分はなし得ない，と説いてきた（芦部 2000：312，片岡 2001：41）。しかし1993年の「椿発言事件」以降は，旧郵政省・総務省による番組内容に対する行政指導が目立つようになり，とりわけ2004年から2009年にかけて数多くの行政指導がみられた（鈴木 2009：89以下，鈴木ほか 2009：74以下〔笹田佳宏執筆〕）。この間，行政解釈としても，番組編集準則の法的拘束力を認め，①番組が編集準則に違反することが明らかであり，②番組の放送を将来に向けて阻止する必要があり，③同一の事業者が同様の事態を繰り返し，再発防止の措置が十分ではなく，編集準則を遵守した放送が確保されない場合には，電波法76条1項を適用できる，との立場が示されている（金澤 2012：57）[2]。こうした行政解釈に対しては，学説からの強い批判がある（鈴木ほか 2009：194以下〔西土〕，鈴木 2010：261以下）。

Ⅲ-3　メディア特性による規律の限界

　他方で，1980年代以降に顕著となってきた放送の多チャンネル化及びマルチメディアの進展は，地上波テレビ放送を念頭に置く伝統的な規律根拠論の前提を掘り崩すものであった。とりわけBS放送（1989年），CS放送（1992年）といった衛星系テレビ放送の登場は，周波数の有限希少性論を激しく動揺させることになった。これに対して旧郵政省は，「放送政策懇談会報告書」（1987年）以降，新しい放送サービスについてはその「メディア特性」に応じた規律を図るべきであるとの立場を採用し，地上波テレビ放送に対する従来の規律を維持しながら，それ以外のサービスに対して番組編集準則の適用を緩和する等の規律の柔軟化を進めてきた（塩野 2001：520）。しかしこうした規制動向に対しては，アメリカで1987年に連邦通信委員会（Federal Communication Commission, FCC）が公正原則を廃止したことにも触れながら，放送にも表現の自由一般の考え方

が妥当し，放送の特殊性から正当化される限りでのみ例外扱いされるべきだから，公平原則には憲法上の疑義があるとする見解も主張されるようになった（松井 1997：305以下）。

それと並行して，都市型CATVやインターネットの普及によって，放送と通信の境界もまた次第に曖昧になっていった。「21世紀に向けた通信・放送の融合に関する懇談会」の最終報告書（1996年）は，「限定性を有する放送」と「公然性を有する電気通信」という中間的カテゴリーを設けて，「放送＝1対多の情報発信，表現の自由」と「通信＝1対1の情報発信，通信の秘密」という伝統的な峻別論からの軌道修正を図った（舟田 2011：25以下）。しかし2001年に電気通信役務利用放送法が成立し，さらに放送のデジタル化が進められると，コンテンツないしサービス・伝送路・端末の各場面で放送と通信の融合・連携が進み，いわば「通信が放送を飲み込む」方向が強まることになった。放送規制を通信規制一般から区別する必要性があるのか，あるとすればそのメルクマールは何かという形で，「放送」概念の再検討の機運が高まってきたのである（塩野 2001：530以下）。

IV　最近の規律根拠論

IV-1　放送の自由の再構成

こうした情勢の中，学界では，伝統的な規律根拠論を克服するため，新たに新聞と放送の相違やマスメディア全体における放送の位置づけを総体として捉え直す見解が説かれるようになった（鈴木ほか 2009：108以下［西土］，西土 2011：39以下）。ここでは有力な2人の論者の見解を取り上げるにとどめたい。

濱田純一は，ドイツにおいて放送の自由が「奉仕する自由」（dienende Freiheit）と理解されていることを踏まえながら，放送の自由は歴史的発展・「社会の受け止め方」の次元において「未成熟な」基本権であって，送り手の自由という主観的側面が強調される新聞等とは異なり，受け手の利益に着目した情報の多様性確保等の客観的側面をより強く内包している，とする（濱田 1990：

151以下)。

　これに対して長谷部恭男は，放送と新聞は希少性・影響力いずれの点でも区別困難であるとした上で，一方を規制し他方を自由にする「部分規制」によって，多様な意見の反映と公的規制の抑制を同時に実現できると説く。彼は，マスメディアの自由が個人の「切り札」としての人権とは異なる「公共の福祉に基づく権利」であると捉える。そして放送には民主主義社会で生活する上で必要な「基本的情報」をあまねく供給することを義務づける一方，新聞には特別の規制を置かずその自由を保障することで，全体として最適なメディア環境を実現しうる，と主張するのである（長谷部 1992：93以下）。

　この2つの見解は，いずれも「放送の自由」にもともと内在している，国民の「知る権利」に応えるという側面を強調するものである。もちろん伝統的な規律根拠論も，放送が国民の知る権利に応えるべきだと観念していたことは確かであるが，そこでは同じ問題が，周波数の有限希少性・特殊な衝撃力といった放送の技術的特性に帰着する形で論じられていた。これに対して最近の規律根拠論は，国民の「知る権利」への奉仕という形で「放送の自由」を正面から規範的に再構成し，そこから放送と新聞の規律の相違を説明しようとするのである。

Ⅳ-2　放送の役割・機能論へ

　このような「放送の自由」の再構成の背後には，少数のマスメディアが「送り手」の地位を寡占しているという「情報のボトルネック」への認識があった。そうだからこそ，公平の理念に反してマスメディアが活動することを防ぐために，その規制が必要と考えられたのである（長谷部 1999：170）。ここにみられるように，メディア環境のあり方は，マスメディアの活動の特性からして社会全体のあり方と関連づけて考察されなければならない。もともとマスメディアの多元性は，複数政党制と並んで，自由な民主主義社会の要石であるといわれてきた（芦部 2000：303）。とりわけ放送については，それが特定の社会的勢力の恣意に掌握された暁には民主主義を破壊しうる程度の致命的影響力があると

いう消極的な側面とともに，そのあり方を適切に規律することによって「放送が健全な民主主義の発達に資するようにする」（放送法1条3号）ことが，積極的に期待されてきたのである。

　そうだとすると逆に，こうした社会的役割を放送が現実に果たすことができる限りで，厳密な意味での「情報のボトルネック」がICTの発達により解消されつつある今日でもなお，放送を他の表現や通信一般から区別して特別の規律の下に置くことが正当化される可能性も生まれてくる。例えばインターネットには，民主主義的参加の活性化への期待と同時に，集団偏向（group polarization）をもたらすことが懸念されているが，このようなメディア環境では，広告料または受信料を財源とする総合編成で，基本的情報をあまねく公平に提供する放送の役割は，新たな意義を加えるものといえる。このように，抽象的な「放送の公共性」でも，放送の技術的特性に依拠するのでもなく，放送が現在のメディア環境の下で果たすべき具体的な役割・機能は何かを規範的に考察するという議論が，最近では次第に有力となっている。それは単に現行の放送規律を正当化するというだけでなく，そこから現状の課題を整理し，必要であれば制度の改善を求める方向へも開かれたものである（宍戸 2008：179以下，鈴木ほか 2009：109［西土］，舟田 2011：32以下）[3]。

　なおここで，従来の特殊な衝撃力論及び「放送の公共性」論と，最近の社会的役割・機能論の異同にも注意を喚起しておきたい。第1に，特殊な衝撃力論が放送のマイナス面を強調して「放送に何をさせないか」という消極的な方向で働いたのに対して，最近では，放送が国民の「知る権利」や健全な民主主義の発達へ奉仕するように機能するためには，そもそも規律が必要なのか，いかなる規律であるべきかを考えるものである。そうした積極的な方向性を含む点で，最近の役割・機能論は「放送の公共性」論と共通してはいるが，しかし従来の議論はあたかも放送が独力で「公共性」を特権的に担っているとか，あるいは担うべきといった類の，いわば「内向き」の傾向が強かった。これに対して最近の議論動向は，現在のメディア環境の中で放送がどの程度の機能を果たしうるのか，ICTによって個人の表現活動が活性化する現在の環境で，どの

範囲の役割を放送が担うのが表現の自由全体から見て最適なのかといったような，放送の「内」と「外」の間での視線の往復を可能にするものといえる。

V 放送法改正における放送の規律根拠

V-1 「情報通信法」構想

2010年の放送法改正に到るまでの「情報通信法」構想において，放送規律のあり方は，まさしくこの放送の社会的役割・機能論による吟味を受けた（以下の経緯について岡﨑 2011：55以下）。これまでの経緯を簡単に振り返ると，竹中総務大臣の私的懇談会「通信・放送の在り方に関する懇談会報告書」（2006年6月）は，通信・放送事業における競争の活性化や国際的競争力の向上のために，これまでのメディア特性による「縦割り」の規制ではなく，コンテンツ・プラットフォーム・伝送のレイヤー区分に応じた「横割り」の法体系を構築するよう求めた。

それを受けた「通信・放送の総合的な法体系に関する研究会報告書」（2007年12月）は，コンテンツ規律について，「ネットワークを介した情報流通が社会に与えるインパクトは，当該情報が公然性を有するのであれば，放送と通信では本質的な違いはない」という認識から，「公然性を有する」コンテンツの「規律の根拠を主として特別な社会的影響力に置く」考えを示し，さらに新聞と放送のうち後者だけを規制することで，「両者の相互牽制・相互作用により表現機会の不平等の是正や情報の多様性が確保される」とする部分規制論に言及した。そして①「メディアサービス」と②「オープンメディアサービス」を区別し，①については「『特別な社会的影響力』を規律根拠として，技術中立的でかつ現行放送規律に準じた形のコンテンツ規律を適用すべき」であるとする。その中でも「一般メディアサービス」から区別された「特別メディアサービス」は，地上波テレビ放送のように，「言論報道機関として健全な民主主義社会の発達に最も重要な強い世論形成機能を有し，地域住民の生活に必要不可欠な情報を総合的にあまねく提供する一方，災害など非常時における主要な情

報伝達手段としての機能など特別な公共的役割を担うコンテンツ配信」であるが故に，現行の放送規制を維持すべきものとした。このように同報告書は，これまでの放送の役割・機能を挙げて，それを根拠に規制を維持するという方向に踏み出したのである（鈴木 2009：90以下）。

V-2　規律根拠としての役割・機能

　これに対して，情報通信審議会答申「通信・放送の総合的な法体系の在り方」（2009年8月）は，「『メディアサービス』の範囲をいわゆる従来の『放送』に止め，その概念・名称を維持する」という穏健な方向へ立ち戻り，しかも「① その送信の特徴から社会的な影響力が大きいこと，② 有限希少な周波数を占有するものであること（無線によるものに限る。）から」放送の規律を維持する旨を述べており，一見すると伝統的な規律根拠に回帰したようにみえる。しかしそれに続く次の記述をみると，そのような評価が必ずしも的を射たものでないことがわかる。

　「放送は，『教養機関的機能』『教育機関的機能』『報道機関的機能』『娯楽機関的機能』『広告媒体的機能』等の機能が相まって，『全国的』及び『地域的』に，
―民主主義の健全な発達
―基本的情報の共有の促進
―教養・教育水準の向上
―娯楽の提供
―専門情報の提供
等の役割を果たすことにより，豊かな国民生活，活力ある社会，地域社会の文化の維持発展などに寄与してきた。こうした機能・役割は，コンテンツ配信を行う多種多様な通信サービスが出現する中でも，その社会的な影響力から見て，即座に変わるとは言い難い」。

　その上で同答申は，こうした現状における機能・役割のうち「制度的に確実に確保すべき」ものとして，「① 民主主義の健全な発達，基本的情報の共有の

促進といった現代社会の基盤を形成する役割，②教養・教育水準の向上，娯楽の提供といった役割，③専門情報の提供といった国民の情報ニーズの多様化・高度化に応じた役割のほか，難視聴解消，地域間格差の是正等の役割」を挙げている。

　このように放送概念を制度的に存置し，地上波テレビ放送の規律をこれまで通り維持するという結論それ自体は，確かに現状維持にとどまるものではある。しかし，レイヤー型法体系という思考プロセスを経た上でなお従来の放送規律が維持に値すると判断されたという事実，しかもその結論がもはや周波数の有限希少性でも消極的な意味での「社会的な影響力」（衝撃力）論でもなく，正面から放送の果たすべき役割・機能から導かれているという事実は，重大な意義を有する。こうした思考プロセスは，「情報通信法」構想が学んだ2007年の「EU視聴覚メディアサービス指令」（市川 2008：273以下）の下でのイギリス（生貝 2011：61以下）やドイツ（西土 2011：170以下）における制度的対応とも軌を一にするもの，と評価できよう。

V-3　新放送法

　こうした検討を踏まえて改正された放送法は，「放送」概念を「公衆によって直接受信されることを目的とする電気通信」の送信（現2条1号）と定義し直した。従来は「放送」とは無線の放送であり，それとは別に「有線放送」や「電気通信利用役務放送」を定義していったのに対して，いまや地上波放送はこれらを包括した伝送路中立的な「放送」概念の一類型である「基幹放送」，すなわち「電波法……の規定により放送をする無線局に専ら又は優先的に割り当てられるものとされた周波数の電波を使用する放送」（現2条2号）となった。こうした概念の変化に合わせて放送免許制も，1989年に衛星放送について導入された受委託放送制度のしくみが原則となり，むしろハード・ソフト一致の免許の方が特例へと格下げされた。すなわちハードである無線局の設置には基幹放送局の免許を要する一方（電波法5条4項，6条2項），ソフトである基幹放送の業務には総務大臣の認定を要するものとされ（放送法93条1項），「その認

定をすることが基幹放送普及計画に適合することその他放送の普及及び健全な発達のために適切であること」(同条項5号) が審査されることになった。もっとも,「特定地上基幹放送局」(電波法6条2項) の免許を受けた者は,「特定地上基幹放送事業者」(放送法2条22号) として, 認定を要さずに放送の業務を行うことができる (93条1項) とされ, 表面的には従来のハード・ソフト一致型の免許制が維持された (宍戸 2011：89以下)。

　こうして放送法改正は, 地上波テレビ放送にとっては, 番組種別の公表等 (放送法6条, 107条) を別にすれば, 従来の規律がそのまま維持される結果に終わった。この結末は, おそらく放送業界から見れば, それなりの善戦の成果といえよう。しかしここに到る議論のプロセスに挿入された放送の役割・機能論は, さらなる変化が予想されるメディア環境の中で, そもそも放送が独自性を維持できるのか, 放送規律をどのように改めていくべきかの議論に際して, 今後も「共通言語」として機能していくことに, 注意する必要がある。以下では, こうした観点から, いくつかの論点に触れることにしたい。

Ⅵ　放送規律の将来

Ⅵ-1　放送の同時同報性

　「スマートテレビ」の普及等により, 放送と通信の融合・連携がさらに進展すると, これまで放送が果たしてきた役割・機能が維持できるのか, あるいは放送規律が不要になるのではないのかが, ますます厳しく問われることになろう。このことをもう少し詳しくみていくことにしたい。

　既に今回の放送法改正による放送の再定義により, 電気通信役務利用放送も正面から「放送」の一類型に含まれることになり, その関連でインターネット上の動画配信等もまた「放送」として規制の対象になるのかが, 話題となった (山本 2010：50)。これに対して政府は, IPマルチキャスト放送は「送信者が不特定の受信者に向けて同時かつ一斉に送信を行うもの」であり「受信者の方は, ……流れてくるのをストップされているところを解除するだけ」であるた

め「放送」に当たるのであって，それ以外のサービスとは異なる，と説明している（2010年11月25日，平岡総務副大臣の国会答弁）。この点については，インターネットのホームページや動画配信サービスは「受信者の要求に応じて情報がその都度送信されるもの」であり「放送」に当たらないが，「不特定多数の者に届けるために同時かつ一斉に送信するものは，対象が不特定多数の者であることや送信時期が同時かつ一斉であることや情報の送信形態が映像・音声等であることから社会的影響力が大きいものであること及び，特に無線の放送については有限希少な周波数を用いるものであること等を踏まえ」，「放送」となる，とする解説もみられる（金澤 2012：33以下）。要するに，「放送」か否かを区別するメルクマールとして，同時同報的ないしプッシュ型のサービスか，それともプル型のサービスかという違いが，これまで以上に前景に押し出される結果となったものといえよう（宍戸 2011：90）。

VI-2　言論報道機関としての放送事業者

　このような放送の同時同報的性格は，先の情通審答申のあげた社会的役割のうちでも，特に「民主主義の健全な発達」及び「基本的情報の共有の促進」と密接に結びつくものである。このことからも，放送と通信の融合・連携が進む中でなお放送規律を維持するならば，その最大の正当化理由は，放送事業者の言論報道機関としての役割を維持し，高めていくことに求められるべきであろう（井上 2010：245以下も参照）。換言すれば，放送事業者の言論報道機関としての性格が弱まれば，他の情報サービスと放送の間の差異は減少し，放送規律を維持する必要もますます減少することになる。

　このような理解に対しては，例えば「娯楽の提供」という役割を軽視するものだという批判もあろう。なるほど同時同報という手段によって，相対的に安価な社会的コストで質の高い多様な娯楽番組を供給することが有意義であり，"Infotainment"が国民生活を豊かにしていることもまた確かである。しかしこの役割は娯楽専門チャンネルにも，あるいは他のエンターテイメント事業一般にも，ある程度まで当てはまる。繰り返しになるが，「放送」が他の情報サ

ービスから区別されて特殊な規律の下に置かれるべきだとすれば，国民の「知る権利」と民主主義の健全な発展への奉仕という機能を出発点に，放送規律のあり方を考えるべきであろう。

　こうした出発点は，新しいメディア環境にふさわしいジャーナリズム（曽我部 2011a：50）のあり方とも連動している。もともと放送法が「放送に携わる者の職責」（1条3号）に言及していたのは，ジャーナリズムとしての放送を前提にしていたものと理解できるし，放送界で「放送の公共性」という言葉が好んで用いられたのは，番組の制作・編集等に従事する人々の自覚と気概を示したものともいえる。この点，「今後のICT分野における国民の権利保障等の在り方を考えるフォーラム」（総務省，2009年12月）報告書の「結びにかえて」で濱田純一座長が示した次の認識は，ジャーナリズムとしての放送の向かうべき方向性にとって，示唆に富むものであるように思われる。

　「近年のICTの急速な発達により，今まで主に情報の受け手であった国民が自ら容易に情報を発信する力を持ち始めてきたことに伴って，従来放送が独占していた『広く公衆に対してリアルタイムに情報を届けることのできる唯一のメディア』という地位は大きく変化しつつある。こうした環境変化に伴い，放送に期待される役割も，広く公衆に情報を発信するという機能と同時に，あまたの情報の中から信頼できる情報，役立つ情報を取り上げて公衆に提示する，さらには社会的な情報への接触に割ける時間の限られている多くの国民に多角的な観点から情報をわかりやすく伝え，世論の形成に奉仕する等といった，ジャーナリズムにふさわしい機能の重要性が，より一層高まってきている」。

　このような，新しいメディア環境における放送のジャーナリズム的機能を維持し高めるために，放送規律を今後どのように改善していくべきかという視点が，今後はますます重要になるものと思われる。放送が多様な少数意見を採り上げ，社会全体に自省の機会をもたらすとともに社会統合を促進するためには，放送事業者内部のジャーナリストの自由が不可欠だとする見解（西土 2011：284以下）も，こうした観点から理解することができよう。

Ⅵ-3　放送の多様性と規律の多層化

　これに対して，放送規律をめぐる最近の議論を振り返ると，番組不祥事の頻発等により，放送規律の履行確保が十分でないという批判が高まるたびに，放送界の自主的取り組みとしての放送倫理・番組向上機構（Broadcasting Ethics & Program Improvement Organization, BPO）の機能が強化されてきた。しかし，先述したとおり一時期は行政指導が多用されただけではなく，独立行政機関による規制の強化が議論されたことも，記憶に新しい（楠 2008：430以下）[4]）。

　ここでは，そもそも現在の放送規律にどのような課題があるのかを整理しておく必要があろう。そのような課題としては，① 番組の多様性の維持・確保のほか，② 報道被害者の救済・消費者保護，③ 政治からの言論・報道の独立，④ 放送行政の透明性の向上が考えられる。このうち②については，民事裁判による救済のほか，わが国では比較法的に弱いとされる広告規制の強化が論点となる（鈴木 2010：283）。次に③が問題であるとすれば，その処方箋として独立行政機関の創設が本筋であることは明らかである。ただし，それはあくまで任命後の内閣や他の行政機関からの独立であって，また両院同意人事であればその政治化が当然に危惧され，人選の中立性・専門性が難題となる。これと区別して検討する必要があるのが④で，一連の行政指導を含め，番組への行政介入があったのではないかという疑いがもたれること自体が，言論報道機関としてのあり方を損なうことに，行政はもちろん放送事業者の側も，注意する必要があろう。このように，独立行政機関ありきではなく，また逆に独立行政機関が未来永劫あり得ないということでもなく，放送規律にどのような課題があり，それに対してどのような規律手法がふさわしいのかについて，議論を深めていく必要がある。

　筆者自身は，もともと「放送の自由」が国民の知る権利に奉仕するものであり，しかも個人が様々な情報を能動的に発信・入手できるようになっていることを前提にすれば，①の放送の多様性，とりわけ基本的情報をジャーナリズムにふさわしく掘り下げたやり方で多様な観点から供給することを，今後の放送規律にとっての第一の目標とすべきではないか，と考えている（宍戸 2008：

182以下）。多様化する現代社会において，「公衆」の維持形成は社会的課題であるが，そのためのメディアには社会の多様化に対応できるだけの多様性が必要である（齊藤 2009：416）。最近，番組内容の画一化が批判される背景には，国民の間の意見・利益の多様性の拡大に，放送が全体として後れを取っているという事情があるように思われる。

　民間放送の「公共性」も，こうした文脈の中で，理解し位置づけ直すことが可能であろう。個々の民間放送が NHK のように各々の意見・利益を同じ等しさで扱う必要はなく，それは民間放送の公共性が NHK のそれよりも軽いということではない。むしろ個々の番組ないし放送事業者の累積として，社会の多様性に相当する放送の多様性が全体として実現されることが，肝要なのである（鈴木 2009：92）。そもそも現代社会においては，何が「基本的情報」なのかがあらかじめ自明のものではなく，むしろ放送の多様性を通じて，とりわけリテラシーの高い視聴者の批判と評価の下に置かれながら，基本的情報の内容が確定されていくというプロセスが望ましいといえよう。民主主義との関連でいえば，国民の中の多様な価値観・利害が，対立色を強める政治に十分反映されていないという不満も蓄積されつつある中，多様な報道は政治の安定化要素となりうる。その反面で，政治の側には放送を味方に引きずり込もうとする誘因が構造的に働くことからすると，番組内容に対する行政介入の可能性は極力小さくしておくべきである。

　このように考えると，ジャーナリズムが発揮されやすい環境を整備するためにも，番組編集準則のうち公平原則については，民間放送に対する適用の可能性を法律上排除するか，少なくとも法的拘束力を否定する解釈の確立が望まれる。このことはもちろん，放送番組が公平でなくてもかまわない，ということではない。放送事業者の自主自律こそが，これまでと変わらず公平性確保の第一の手段であるべきことはいうまでもないが，放送が今後も生き残っていくためには，公平性の確保それ自体を公衆一般の批判と評価の下に置くことが，必要なのではないか。番組の制作・編集・編成のプロセスが，ジャーナリズム性を損なわない限りで，視聴者に対して透明化され，さらにはメディア相互の批

判と反論に開かれた構造となることは，放送に対する視聴者の信頼を高めることにもつながると考えられる。そうだとすれば，放送事業者内部での各部門の役割分担とともに，番組審議機関，さらにはBPOとの関係を適切に整序し，さらには一般視聴者の声を「クレイム」以上のものとして積極的に受け止める等のしくみが追求されていくべきではなかろうか。こうした放送事業者内部の，あるいは放送界全体としての自主的な取り組みが公衆に見える形で機能するならば，今後一層の強化が予想される広告規制を含め，行政介入を差し控えるよう求める主張も，その分だけ説得力を増すであろう。

これまで放送規律というと，行政の介入か事業者の自律かという二者択一で考えられる傾向があったが，多様な主体による様々な関与によって，重層的に放送規律が実現されるものと考えることは，決して根本的な発想転換ではない。もともと日本の放送規律のあり方が，現在ヨーロッパ各国で進められている「対話型規制」（曽我部 2011b：57以下）ないし「共同規制」（増田＝生貝 2012：179）の手法に近いと指摘されている。こうしたわが国流のしくみの良さを活かしつつ，BPOが事業者の「隠れ蓑」になるとか，官民のもたれ合いによって最終的な国民の知る権利が損なわれないように，取り組みを洗練させていくことこそ，当面の課題といえよう（鈴木 2010：285）。

Ⅵ-4　放送の多元性と地域性

放送の多様性と並んで，マスメディア集中排除原則（放送法93条1項4号）の目的である多元性・地域性（金澤 2012：247）については，今後どのような規律が望ましいであろうか。この3つの目的はそれぞれ独自の価値を有するものとして運用されてきたが（曽我部 2011c：93以下），国民の知る権利とICTの進展を背景にして考える限り，放送の多元性・地域性はあくまで多様性を実現するための二次的な原則として理解すべきであろう。

放送の多元性についていえば，周波数が有限希少であった環境では，「放送による表現の自由」を確保するという積極的意味があった。しかしソフトに関する「放送の認定」が基幹放送局の免許から分離された改正放送法の下では，

端的に基幹放送事業者を次々と認定すれば，ことばどおりの多元性が実現されるはずであろう。放送業務認定制度が放送の多元性と反するベクトルを内包させていることは，覆い隠しがたい事実である。そうであれば，単なる事業者の既得権擁護ではなく，放送の多様性を確保するために放送事業者の数を限定する必要があるという論理（長谷部 1992：135以下）を強調していかざるを得ないが，それは同時に，放送事業者の数を限定した結果として現実に放送の多様性が実現されているのか，という問いを喚起することにもなる。その反面，今後の広告収入の動向次第では，民間放送事業者の数が広告市場との関係でむしろ過剰な地域があるのではないかという問題が顕在化することも予想される。

　次に放送の地域性は，地域の生活に即したニュースの発掘と伝達，さらには全国配信を可能にしており，とりわけ地元新聞社の強力な地域では，言論市場を成立させる要素であったことも見逃せない。他方で，ネットワーク化の進行とともに，現実のローカル局の自社制作番組比率との関係で，放送の地域性が今後どの程度の説得力を有しうるのかは，多分に疑わしい。放送の地域性を制度的に確保する方法としては，より端的に地方番組の比率を法的に定める等の方法もありうるからである。地域外再送信問題はもちろん，インターネット上の番組配信が認められない理由として，著作権という法的装いの背後で県域免許制という壁が控えていることは良く知られた事実であり，インターネットを主たる情報源とする層からは，放送の地域性を国民の「知る権利」を妨害するものと受けとめる傾向があることにも，注意する必要があろう。しかも「地域」を当然に都道府県単位で捉える発想が，道州制への移行が議論されたり基礎自治体としての市町村というまとまりが重視されたりする今日，必然とはいえない（井上 2009：509以下）。先の情通審答申は「地上放送の放送対象地域について，具体的な要望があれば，地域情報の確保の在り方に留意しつつ，一定の場合にはそれを選択的に拡大する」と述べていた。しかし住民からみれば，身近な「地域」とは広域化しているだけではなく，より小さな単位に縮小しているという側面もあるのではないか。放送の「地域性」それ自体が，視聴者ごとに，あるいは同じ視聴者でも生活の場面に応じて，多様化しているように思われる。

そうだとすれば，国民の「知る権利」に応えるために，複数の県を一つの免許でカバーするだけでなく，県域よりも小さい区域の免許・認可を認める，コミュニティ放送との効率的な連携を実現する等，より柔軟な地域免許制度への改善が求められることになろう。

● 注 ●
1) 北海道のローカル局を舞台としたマンガである．佐々木倫子『チャンネルはそのまま！　VOL.3』(小学館，2010年) には，報道部デスクが，「災害時の放送こそテレビ局の存在意義だ」「そのために日頃公共の電波を使用することを許されているのだ」と主人公の記者を諭すシーンがある。
2) 放送法改正の国会審議においても，総務省は同じ立場を維持している (2010年11月26日の平岡総務副大臣の国会答弁)。
3) こうした技術的特性論から社会的役割・機能論への転換は，EU 及び加盟諸国における放送規制一般や公共放送の業務範囲をめぐる議論とも，軌を一にする側面を有している。2011年に公表された「NHK 受信料制度等専門調査会報告書」も，こうした観点から伝送路中立的な公共放送のあり方を検討している。宍戸 2005：157以下も参照。
4) 以下の記述は，権利保障フォーラム第4回会合 (2010年3月29日) における筆者のプレゼンテーションの内容と重なるところが多い (総務省 HP 参照)。

引用・参考文献
芦部信喜 (2000)『憲法学Ⅲ (増補版)』有斐閣
生貝直人 (2011)『情報社会と共同規制』勁草書房
市川芳治 (2008)「欧州における通信・放送融合時代への取り組み」『慶應法学』10号
井上禎男 (2009)「地上波地方民放局の位相と目睫」『福岡大学法学論叢』53巻4号
井上禎男 (2010)「通信技術の発展と報道」『福岡大学法学論叢』54巻4号
岡﨑俊一 (2011)「新放送法制の概要と課題」『千葉大学法学論集』第26巻1・2号
片岡俊夫 (2001)『新・放送概論』NHK 出版
金澤薫 (2012)『放送法逐条解説 (改訂版)』情報通信振興会
楠茂樹 (2008)「メディアの自己規律について」上智大学法学会編『上智大学法学部創設50周年記念　変容する社会の法と理論』有斐閣
齊藤愛 (2009)「放送の自由」安西文雄ほか『憲法学の現代的論点 (第2版)』有斐閣
塩野宏 (1989)『放送法制の課題』有斐閣
塩野宏 (2001)『法治主義の諸相』有斐閣
宍戸常寿 (2005)「公共放送の『役割』と『制度』」ダニエル・フット＝長谷部恭男

編『融ける境超える法4　メディアと制度』東京大学出版会141頁以下
宍戸常寿（2008）「情報化社会と『放送の公共性』の変容」『放送メディア研究』5号
宍戸常寿（2011）「改正放送法と行政権限」『法律時報』83巻2号
鈴木秀美（2000）『放送の自由』信山社
鈴木秀美（2009）「通信放送法制と表現の自由」『ジュリスト』1373号
鈴木秀美（2010）「融合法制における番組編集準則と表現の自由」『阪大法学』60巻2号
鈴木秀美ほか（2009）『放送法を読みとく』商事法務
曽我部真裕（2007）「表現の自由論の変容」『法学教室』324号
曽我部真裕（2011a）「情報漏洩社会のメディアと法　プロとアマの差はなくなるか」『Journalism』2011年4月号
曽我部真裕（2011b）「フランスにおける放送の自由と対話型規制」『日仏法学』26号
曽我部真裕（2011c）「マスメディア集中排除原則の議論のあり方」『法律時報』83巻2号
西土彰一郎（2011）『放送の自由の基層』信山社
長谷部恭男（1992）『テレビの憲法理論』弘文堂
長谷部恭男（1999）『憲法学のフロンティア』岩波書店
濱田純一（1990）『メディアの法理』日本評論社
舟田正之（2011）『放送制度と競争秩序』有斐閣
松井茂記（1997）「放送における公正と放送の自由」石村善治先生古稀記念論集『法と情報』信山社
増田雅史＝生貝直人（2012）『デジタルコンテンツ法制』朝日新聞出版
山本博史（2010）「新・放送法（案）解説」『放送文化』2010年夏号

第2章
放送事業におけるガバナンスと市場原理

小塚　荘一郎

I　問題の設定
——放送事業者のコーポレート・ガバナンス

I-1　なぜガバナンスを論じるか

　放送制度のあり方に関する議論の中で，放送事業者のコーポレート・ガバナンスについては，従来，あまり論じられてこなかった。民間放送事業者が早い時期から多数存在した米国と日本は，世界的にみれば例外であり，欧州各国では公共的な主体が放送を担ってきた，という経緯のためであるかもしれない。しかし，この問題は，正面から取り上げて論ずる必要があると思われる[1]。

　その理由は，第1に，衛星放送やケーブルテレビの登場以来，欧州や新興市場でも民間放送事業者が数多く出現するようになったことである。インターネットをはじめとするデジタル技術の革新は，放送類似のサービスを提供する民間企業を次々に生み出し，この傾向に拍車をかけている。公共事業体においても経営陣と従業員の対立などがないわけではないが，民間企業の場合には，株主，債権者，経営者等の主体の利害が複雑に交錯するので，そうした関係者の利害と行動を取り込んで制度を設計する必要性は一段と大きい。

　第2に，事業者の側からみれば，放送事業者は放送制度だけに規律されているのではなく，事業者を取り巻くさまざまな取引関係の中にある。番組製作会社からの番組供給，キー局とローカル局の間の番組配信，広告主から広告代理

店を経由した広告の出稿などは，すべて契約関係であるから，契約法や競争法（独占禁止法，下請法など）の適用を受ける。そして，株主からの出資や債権者からの資金調達に伴う取引関係を規律する法制度が，広い意味での会社法である（NHKの組織に関する放送法の規定も，会社法の特別法と見ることができる）。放送制度がその制度目的を十分に実現するためには，これらの取引関係に関する法制度との間の整合性に関心を払う必要があろう。そのためにも，放送事業者のコーポレート・ガバナンスを検討する意味があると考えられる。

　第三の理由は，日本の放送業界に固有の事情であるが，2010年の放送法改正と2011年の地上波放送のデジタル移行（いわゆる地デジ化）によって経営環境の整備が一段落したことである。当面の環境条件が確立された結果，放送事業者は，そうした環境の中でどのような事業活動を行っていくかという課題に，それぞれ直面している。このようなタイミングで，放送事業者が経営上の判断を適切に行うためのガバナンスについて，理論的に考察しておくことには，実際的な意味も少なくないと思われる。

　本章の目的は，このような意義をもつ放送事業者のコーポレート・ガバナンスについて考える上での基礎的な枠組みを提供することである。具体的には，この問題を検討する前提を確認した上で（Ⅰ-2・Ⅰ-3），日本の制度の下で放送事業者が直面するガバナンス上の問題を分析する（Ⅱ）。次いで，その問題について，経営構造の改善による解決（Ⅲ）と，市場の規律による解決（Ⅳ）とを，順に検討する。最後に，検討の結果をまとめるとともに，さしあたり事業者の立場で考えられる対応についていくつかの提言を行いたい（Ⅴ）。

Ⅰ-2　分析道具としてのエイジェンシー問題

　コーポレート・ガバナンスについて理論的に分析する際に，会社法の分野では，「エイジェンシー問題」の枠組みが，近年，多く用いられている。エイジェンシー問題とは，特定の場面で「委託者」（プリンシパル）の利益の実現が「代理人」（エイジェント）の行動に依存するにもかかわらず，プリンシパルがエイジェントの行動を観察できないときに，どのようにして，エイジェントに

対し，適切な行動をとるような動機づけ（インセンティヴ）を与えるかという問題である[2]。

エイジェンシー問題という概念自体は，分析の枠組みであるから，特定の主体が常にエイジェントやプリンシパルとして決まっているわけではない。たとえば，会社法の理論においては，株主をプリンシパルとし，経営者（業務執行取締役または執行役）をエイジェントとするエイジェンシー問題を論ずる場合もあれば，債権者をプリンシパル，会社をエイジェントとするエイジェンシー問題を分析する場合もある[3]。後者の問題を論ずる際には，第一の問題の分析対象である株主と経営者の利害の対立は捨象して，会社と，「会社」の外部の債権者との関係に焦点を絞るわけである。言い換えれば，エイジェンシー問題という枠組みは，なんらかの制度目的が設定されていることを前提として，その制度目的が実効的に達成されているかを問うためのツールであり，制度目的自体がそこから導かれるわけではない。

I-3 放送法制の制度目的

そこで，分析に先立ち，放送法制を設計する上での制度目的について考えておく必要があるが，これについては，比較法的に見ても，放送の多様性（plurality）であると考えることに，ほぼコンセンサスがある[4]。放送は，現代における表現や言論のための重要なメディアであり，人々の政治的な意思形成に大きな影響をもつ。従って，民主主義国家においては，放送によって提供される言論，とりわけ政治的な言論が多様性を保ち，特定の政治勢力に独占されないということが，決定的に重要である。放送制度の設計は，そのような意味における放送の多様性の実現を目的として行われなければならない。

米国では，1980年代以降，市場アプローチ（marketplace approach）の考え方が強く提唱された[5]。しかし，この考え方も，制度目的が放送の多様性であるという点に異を唱えるものではない。伝統的な免許制度の下では放送の多様性が達成されてこなかったのではないかという問題を提起し，市場メカニズムを利用することで，むしろ多様性が実現すると提唱する考え方である[6]。欧州で

も，近年，民間放送事業者が増加し，主体の多様性（external plurality）は高められたが，放送内容の多様性（internal plurality）がそれに当然に伴うとはいえないという点に問題意識が抱かれている[7]。ここでも，究極的な制度目的は放送内容（言論）の多様性であると認識されているのである。

日本では，特に民間放送に「マスメディア集中排除原則」（法律上の用語としては「表現の自由享有基準」）を課す根拠として，「多様性・多元性・地域性」という3要素を一体とした表現が用いられることがある[8]。しかし，欧米の議論を踏まえて考えれば，これらの3要素の間には，軽重の差があると考えられる。まず，「多元性」は放送主体，すなわち事業者が複数存在することを指しているから，欧州の学説がいう「放送主体の多元性」（external plurality）にあたる。従って，それは放送内容の多様性を達成するための手段として位置づけられるべきであり，それ自体が窮極の制度目的ではないであろう[9]。次に，「地域性」は，放送内容の多様性について，一定の方向づけを与える概念と見るべきではないか。たとえば，複数の立場にもとづく言論が全国で一様に放送されるだけでも，放送内容の多様性は満たされるともいえるが，それだけではなく，地域によってさまざまに異なる言論が提供されるという意味の多様性までが制度上要請されるということを，「地域性」という概念は表現しているのだと理解できる。以上のように考えられるとすれば，日本の放送法においても，制度の根源的な目的は，（放送内容の）多様性にあると考えるべきである。

II 二元体制とエイジェンシー問題

II-1 「所有者」のいないNHKと株主を「所有者」とする民放

日本の放送制度は，いわゆる二元体制を基本としており，NHKと民間放送事業者（民放）の併存が制度的に定められている。コーポレート・ガバナンスの観点からみると，これは，所有構造が異なる2種類の企業をあえて併存させ，同じ商品市場で競争させる仕組みであるといえる[10]。

はじめに，「所有者」という概念を明確にしておこう。コーポレート・ガバ

ナンスの分析において，企業の「所有者」(owner) とは，経営を支配（コントロール）する権限をもつとともに残余権 (residual claim) を与えられた者をいう[11]。残余権とは，契約によって義務づけられた支払いをすべて弁済した後に残る財産に対する権利である[12]。企業価値が全体として増大すれば，そこから所定の支払いを行った「残り」もそれだけ大きくなるから，一般的には，残余権を有する者に企業の経営を委ねると，企業価値の増大に努め，効率的な経営を実現すると考えられる[13]。

　民放は株式会社であるから，株主を「所有者」とする企業である。株式会社では，経営者の選任・解任権を株主がもち（会社法329条・339条），他方，会社の財産から債務の金額を差し引いた残りの財産的価値は，配当などによって分配されるか否かを問わず，株式という持分によって把握される（会社法453条参照）。従って，株式会社の「所有者」は株主である。

　二元体制のもう一方を担う NHK は，「所有者」の概念を使って分析すれば，所有者がない企業として設計されているといえよう。NHK の経営に関する重要な決定を行う権限は経営委員会にある（放送法28条1項1号）。しかし，経営委員会は日常の業務執行には関与しない。業務執行は会長その他の役員に委ねられており（放送法51条），経営委員会は，基本的な経営の方針を決定するほかは，会長及び理事の業務執行を監督するにとどまる（放送法29条1項2号）。これは，監督と執行が分離されたシステムである。業務監査については，後述する平成19年の放送法改正により，監事が廃止され，経営委員のうち常勤の委員1名以上を含む3名以上が監査委員会を構成することになった（放送法43条）。

　これらの機関の構成員については，政治的な圧力を受ける可能性が慎重に排除されている。経営委員12名は内閣総理大臣が両議院の同意を得て任命するが（放送法31条1項），5名以上の委員が同一の政党に属していてはならない（放送法31条4項）。会長は経営委員会において，委員9名以上の特別多数決により任命される（放送法52条1項2項）。そして，他の役員（副会長及び理事）は，経営委員会の同意を得て，会長が任命する（放送法52条3項）。人事権を特定の主体に集中せず，「任命された者が，より現場に近い者を任命する」という間

接的なコントロールを何重にも重ねた構造は，NHK の経営が特定の勢力に支配されないため，意図的に採用された制度である。

NHK の財政は，視聴者が負担する受信料によって成り立っている。これは，返済の義務を伴わない資金の拠出であるから，株式会社における株主の出資に相当するものと考えられよう。しかし，視聴者による「出資」には，経営支配権も，また残余権も伴わない。視聴者を国民とほぼ同一視できるとしても[14]，国民の代表者である国会は，収支予算・事業計画・資金計画を承認し（放送法70条2項），また業務報告書の報告（放送法72条2項）・財務諸表の提出（放送法74条3項）を受けるという形で，きわめて間接的なコントロールを及ぼしているにすぎない。まして，徴収した受信料が経営の経費を上回り，余剰が発生した場合に，その余剰に対する経済的な権利を視聴者がもつわけではない。仮に，視聴者が「所有者」として残余権をもち，経営支配権を行使するような制度を考えれば，その中の多数を占める意見に従って NHK を経営すべきことになるが，放送法は，そのような多数者による言論の支配を排除して，番組編集の自由を保障するように設計されているのである[15]。

II-2　NHK と民放のエイジェンシー問題

所有者のない企業である NHK と株主を所有者とする民放は，それぞれに，エイジェンシー問題に直面する。そして，NHK のエイジェンシー問題については，放送法が定める二元体制によって規律が図られているのに対して，民放のエイジェンシー問題は，株式会社一般に共通する問題であるため，放送法の中では特段の規律が置かれていない。

NHK には，所有者が存在しないから，経営陣と従業員は，いかなる主体からもコントロールを受けることがない。そのため，経営陣と従業員が，本来図るべきプリンシパルの利益を省みず，自己の利益を追求するという可能性（エイジェンシー・コスト）がきわめて大きい。特定の主体の支配を受けないという NHK の構造は，視聴者の間の多様な価値観やニーズを反映して放送の多様性を実現するために採用されたはずであるから，そうした多様な価値観をもつ

視聴者の総体をプリンシパルとみることができるが，実際には，エイジェントであるNHKの経営者と従業員が，そうしたプリンシパルの要請を満たす放送を行わないという危険はきわめて高い。

　日本の放送法が定める二元体制は，機能的にみれば，NHKのエイジェンシー問題を規律する仕組みであるといえる。一般的に，公益法人等の「所有者がいない企業」は常にエイジェンシー問題に直面するが，商品市場で競争圧力にさらされれば，結果的に経営の効率性は損なわれないことが知られている[16]。NHKも，二元体制によって商品市場[17]における民放との競争が制度化されると，経営陣や従業員が視聴者の利益をないがしろにして自己の利益を追求する危険が抑制されると考えられるのである[18]。

　他方で，株式会社である民放も，エイジェンシー問題と無縁ではない。まず，民放の中でもローカル局のほとんどは非上場会社であるから，株主を総体としてみれば，経営に対する支配権は，本来きわめて強い。ところが，日本のローカル局は，成立の経緯等から複雑な資本構造をもつ会社が多いため，実際には，株主間で多数株主と少数株主の間の対立を生ずる可能性も少なくないであろう。これもエイジェンシー問題である[19]。

　これに対して，キー局等の上場会社では，分散した一般株主が経営支配権を行使する可能性が，現実的にはきわめて限られている。これは，いわゆる所有と経営の分離であり，その結果として，経営者が株主の利益を省みず，自己の利益を追求するというエイジェンシー問題が発生する。この種のエイジェンシー問題は，放送事業会社に特有の問題ではないから，放送法はそれを抑制する特段の仕組みを定めていない。すなわち，民放におけるエイジェンシー問題は，一般的な会社法制に委ねられていると考えられる。

II-3　NHK職員の不祥事

　残念なことに，NHKにおいても民放においても，放送法や会社法によるガバナンスの仕組みが十分に機能していないのではないかと疑わしめる不祥事が，2000年代半ば以降，相次いで発生した。

NHKでまず明らかになった問題は，職員の違法行為である。2004年に，芸能番組のプロデューサーが過去数年間にわたって番組制作費を水増しし，私的に費消していた事実が報道された。それと前後して，別の職員によるカラ出張や架空請求，さらにはソウル支局長による水増し請求などの事件が相次いで明るみに出る[20]。2008年には，報道局の職員が，放送前のニュースを利用してインサイダー取引を行っていた事実も発覚した[21]。受信料を支払う視聴者をNHKの出資者と見れば，これらの行為は出資金の不当な使用にあたるから，そうした行為の発生が典型的なエイジェンシー問題であることは，疑いを容れない。

II-4　放送の多様性とエイジェンシー問題

　放送制度の目的が放送の多様性にあるとすれば，より重要な問題は，放送の内容に関するエイジェンシー問題である。この面で，社会的に大きな問題となった事件は，2007年に，関西テレビが制作した『発掘！あるある大事典II』の中で，納豆の医学的効果について，米国人教授のインタビューがボイスオーバーによって全く異なる内容に書きかえられたほか，科学的根拠があるとはいいがたい実験結果などが紹介された，という「捏造」の問題であった[22]。また，2011年には，今度は東海テレビの情報番組『ぴーかんテレビ』において，放射性物質による農産物汚染を想起させるテロップが作成され，放送されるという事件が発生した[23]。

　事実を歪曲した健康情報や他人を傷つける以外に何の意味もないテロップの送信が，視聴者の求める放送内容とかけ離れていることはいうまでもない。同時に，そうした事件によって視聴者が番組を離れ，広告主が出稿を見合わせるといった影響が広がれば，民放の収益にも大きな影響を与えるから，株主の利益に反した経営であったともいい得る。民放の株式会社としてのエイジェンシー問題もまた，現実化してしまったのである。

　これらの事件ほど明白ではないが，より一般的な形で指摘されている日本の放送メディアの特徴の中にも，エイジェンシー問題の発現ではないかと思われ

るものがある。たとえば，報道の内容が新聞をも含めて一様であるという批判が，海外の日本研究者の間で，従来からなされている[24]。記者クラブ制度が不当に独占的な地位をもっているのではないかという点も，ここ数年来，問題とされてきた[25]。放送番組の内容に対する政治的な影響力の行使についても，これまでに，何度も疑念が呈示されてきている[26]。2011年の東日本大震災に際しては，地上波テレビを含む既存メディアが存在感を示したという調査結果が伝えられているが[27]，これについても，ジャーナリズムとしてどのようなスタンスをとった結果であったのかという観点から，報道の内容が視聴者の求めるところと真に合致していたのかを改めて検証してみる作業は欠かせないであろう[28]。

III 事業者の経営機構の改善

III-1 政府による行為規制の挫折

『発掘！あるある大事典II』の「捏造」事件は社会的に大きな問題となり，これを契機に，放送事業者に対する規律の強化を求める声が上がった。「捏造」が行われた原因を検証した調査委員会は，報告書の中で，事件の背景には，年々圧縮される予算と厳しい時間的な制約条件の中で，制作会社が十分な調査を行わないまま番組制作を進めざるを得なかった事情があったと指摘した[29]。そうだとすれば，これは偶発的な事故ではなく，放送事業者のコーポレート・ガバナンス自体に起因する問題であったと考えられる。放送事業の経営にあたり，予算の管理と番組の質の確保をどのようにしてバランスさせるかという問題は，経営上の判断だからである。

　一般論としていえば，コーポレート・ガバナンス上の問題を解決するために，政府が事業者の行為に対して直接の規制を課すことも，政策上の選択肢に含まれる。例えば，消費者被害を防止するために事業者の行為規制を導入するケースなどである。「捏造」事件に対して，当初，政府はこの考え方をとり，「虚偽の説明により事実でない事項を事実であると誤解させるような放送であつて，

国民経済又は国民生活に悪影響を及ぼし，又は及ぼすおそれがあるもの」を放送した事業者に対して，総務大臣が，同様の放送の再発の防止を図るための計画の策定及びその提出を求めることができるという内容の放送法改正案を国会に提出した。しかし，放送法制の場合，行為規制は，必然的に放送内容の規制となる。日本の放送法は，世界的にみても厳格な程度にまで内容規制を回避してきたので，この改正案は，従来の考え方を大きく変更するものであった。そのため，放送関係者をはじめ各方面から強い懸念と反対が表明され，結局，放送業界がBPO（放送倫理・番組向上機構）の機能を強化・拡大することと引き換えに，この改正は見送られた。

Ⅲ-2 コーポレート・ガバナンス改革によるモニタリングの強化

政府による直接の行為規制が取り下げられたため，コーポレート・ガバナンスの改善は，放送事業者による自発的な経営機構の改革に委ねられることとなった。そのために，関西テレビの社内に再生委員会が設置され，検討の結果，再生委員会は，執行役員制度を導入して取締役の人数を減少させること，社外取締役が取締役の過半数を占めるようにすること，社外取締役の中には株主の利益の代表者と公益の代表者を含めること等を提言した[30]。関西テレビではこの提言を受け入れ，2007年6月の株主総会において，主要株主の関係者5名，独立性のある取締役2名を含む合計11名を取締役として選任した[31]。

このような改革を提言する前提として，再生委員会は，放送事業者は株主利益の最大化のみを追求するのではなく，「放送法に具体化された公共的使命」の達成をも目的とすると述べている。そして，そのために，業務執行取締役，株主利益を代表する取締役および公益を代表する取締役が，「対等の立場で議論をし，モニタリングの役割を果たす」という経営モデルを提唱した[32]。この考え方は，「モニタリング」という言葉を用いてはいるが，監督と執行を分離し，取締役会は株主の代表者としてもっぱら経営者（業務執行者）の監督にあたるという「モニタリング・モデル」とは大きく異なっている。「公共的使命」が株主の利益とは異なるものとして観念され，取締役会は2つの利益を調整する

場とすることが期待されているからである[33]。このガバナンス・モデルは，多様な利益を調整しながら会社を経営するステイクホルダー・モデルに近い[34]。

再生委員会は，「捏造」問題の構造を，視聴者をプリンシパル，株主利益に従って行動した経営者がエイジェントであるエイジェンシー問題ととらえていると思われる。その上で，両者の利害の調整を業務執行者に委ねるのではなく，取締役会における交渉によって行おうとしたわけである。しかし，「捏造」の発覚によって不利益を蒙った株主自身をプリンシパル，経営者をエイジェントとするエイジェンシー問題の枠組みで事件をみることもできる。後者の考え方に立つならば，株主が経営者に対して働かせるコントロールを強化すべきことになろう。いずれの考え方も論理的には成り立つが，再生委員会の提言が出された当初は，双方の考え方がせめぎ合っていたのかもしれない。その後の経緯をみると，業務執行取締役と株主利益を代表する社外取締役の人数が増加する一方で，公益を代表する独立取締役は減少しているので（図表2-1)，株主と経営者の間のエイジェンシー問題の方を優先するようになっているのではないかと推測される。

2011年に意味不明のテロップを流した東海テレビにおいても，同じように検証委員会が設けられて事件発生の原因を調査した後に，再生委員会が組織され，再発防止策の検討を委ねられた。その答申書の中では，経営機構の改革について具体的な提案は行われなかったが，「取締役会と監査役の機能確認」や「役員と業務執行責任者の役割の確認」を今後の課題として掲げ，東海テレビに対し検討を促した[35]。この事件でも，検証委員会は番組制作の現場が疲弊してい

図表2-1　関西テレビの取締役会の構成

	2007/6	2008/6	2009/6	2010/6	2011/6
取締役の人数	11	14	15	15	15
業務執行取締役	5	8	9	9	9
主要株主関係者	4	5	5	5	5
独立取締役	2	1	1	1	1

出典：毎年6月の関西テレビ報道発表から構成。

たことを指摘しているのであるから，一スタッフの問題ではなく，企業としての経営判断に対するモニタリングを改善する必要があろうが，東海テレビでは，結局，取締役会の外に「オンブズ東海」を設置する方法が選択された。

　コーポレート・ガバナンスのモデルは，ひとつではない。放送事業者の不祥事を契機として経営機構改革が行われる場合，そもそもコーポレート・ガバナンスのいかなる点に問題があるのか，そしてその問題はどのようなモデルによって改善が可能になるのか，といった認識が，関係者の間に共有される必要があろう。そうした認識の共有なくして，経営機構の形式のみを整えても，実質的な改革への道のりは遠いであろう。

Ⅲ-3　NHKのガバナンスを強化する放送法改正

　NHKもまた，不祥事への対応としてガバナンス構造の改革を求められた。その結果，監査を任務とする役員であった監事を廃止し，これに代えて，経営委員会の委員3名以上が監査委員会を構成するものとすること，監査委員のうち少なくとも1名は常勤の経営委員とすることが，2007年の放送法改正に盛り込まれた（現在の放送法42条）。

　この改正は，一見すると，経営委員会に監督権限を集中するモニタリング・モデルを採用したようにもみえる[36]。経営委員会は株式会社の取締役会，監事は監査役に相当するとみれば，改正法は，監査役設置会社から委員会設置会社への移行に等しいとも言い得るからである。しかし，モニタリング・モデルでは，監査委員は自ら監査を行うわけではなく，実際の情報収集には，内部監査部門や外部監査人が活用される[37]。監査委員の任務は，収集された情報について判断を下し，必要な行動をとることである。ところが，改正法は，従来の監事が非常勤の役員であった点を改めて，常勤の監査委員を置いている。これは，「不祥事」を速やかに発見し，是正する機能を強化する目的であり，常勤の監査委員となった経営委員には，自ら監査業務を行うことが期待されていると考えられる。

　NHKの場合，出資者に相当する視聴者は，経営に対する発言権を制度上も

っていない。従って，視聴者の利益を基準として経営委員会が業務執行者（会長・理事）のモニタリングを行うというモニタリング・モデルを採用することには，一般論としては，合理性がある。しかし，法改正の契機となった「不祥事」は，架空請求やインサイダー取引等の単純な違法行為であり，エイジェンシー問題というよりはコンプライアンス（法令遵守）の徹底の問題であったともいえる。そうだとすれば，必要な改革は違法行為を早期に発見するための情報収集体制の整備であり，従来の監事制度を維持したまま，そのうち1人を常勤にするとか，監事のスタッフの増員，内部統制部門の強化等によって対応すれば足りたのではないか。結局，ここでも，問題とされた「不祥事」がどのような点でコーポレート・ガバナンスの改善を必要とするかについての認識が，関係者の間で共有されていなかったように思われる。

Ⅳ 市場の競争を通じたガバナンス

Ⅳ-1 放送事業者と市場

放送事業者のエイジェンシー問題は，政府による行為規制や経営機構の改革だけではなく，市場における競争によっても解決され得る。海外には，非営利法人のように「所有者」がない企業も，商品市場で株式会社との競争にさらされている場合には，効率性において株式会社と遜色がないことを指摘する実証研究もある[38]。いわゆる「市場の規律」(market discipline) である。

放送事業者が相互に競争する市場としては，商品市場（視聴者に対して放送サービスを提供する市場），資金調達の市場，および放送コンテンツを調達する市場が考えられよう。これらの市場において，有効な規律が働くか否かは，それぞれの市場がどの程度まで競争的であるかに依存する。日本では，2009年頃から，市場における競争を活性化させる動きがみられないわけではないが，現在のところ，限られた範囲にとどまっている。

IV-2　商品市場（放送サービス市場）

　放送サービスの市場においては，2010年の放送法改正が，一定の範囲で規制緩和を実現した[39]。地上放送の免許にハード・ソフト分離の原則が導入された結果，ソフトのみをもつ新たな放送事業者が参入する道が開かれた。また，電波利用において放送用と通信用の区別が柔軟化され，無線局の主たる目的に支障を来さない範囲であれば，別の目的に利用することも認められるようになったので，新たな電波利用形態のサービスが開発される可能性も期待される。さらに，表現の自由享有基準（従来のマスメディア集中排除原則）にもとづく省令が改正され，放送対象地域を超える事業者間で議決権保有の上限が緩和されることも，市場構造の変化につながり得る規制緩和である。

　放送サービスの市場を活性化させるいまひとつの要因は，放送のデジタル化が完了したことである。地上波のアナログ放送に使用されていた周波数帯は，V-high帯とV-low帯に分けて，それぞれ新規サービスの参入が募集されている。BSアナログ放送の終了に伴って空いた周波数帯には，新規事業者19チャンネルが免許を認められ，2012年3月までにはそのすべてが放送を開始した。

　もっとも，これらの動きは，市場全体からみれば周辺的なものであって，競争環境を抜本的に変えるものではないともいい得る。2010年の放送法改正は，「通信と放送の総合的法体系」を掲げてはいるものの，両者を完全に一体とした市場を作りだしたわけではない。そうした中で，インターネットを利用したコンテンツの配信など，「放送」の定義（放送法2条1号）を満たさないコンテンツサービスの本格的な開始には，放送事業者は，なお慎重な姿勢を取り続けている。

IV-3　資金調達の市場

　株式会社である民放の中でも，上場会社であるキー局5社は，資本市場から資金を調達する。そして，資本市場による規律は，コーポレート・ガバナンスにおいてきわめて重要な意味をもつ[40]。

　その理由は，上場会社においては「所有と経営の分離」が発生し，株主によ

る経営者のモニタリングを機能させることが難しくなるからである。その結果として発生する一般株主と経営者の間のエイジェンシー問題に対して，会社法の理論では，資本市場の規律が解決を与えると考えられている。資本市場の規律とは，上場会社が，株式を公開している結果として，常に買収のリスクにさらされていることである。経営者が非効率的な経営を行っていると，より効率的な経営の能力をもつ買収者が高いプレミアムを呈示して，経営支配権を取得しようとする。このような資本市場を通じた買収の可能性が，経営資源を効率的に活用した経営へのインセンティヴを与え，経営者に対する規律として機能するのである[41]。

　ところが，2007（平成19）年の放送法は，認定放送持株会社の制度を導入した際に，特定の株主が100分の33を超えて認定放送持株会社の発行済み株式を取得しても，この株式について議決権を行使できないという規制を設けた（現行放送法164条，放送法施行規則207条）。認定放送持株会社は複数の放送事業会社を傘下にもつ可能性があるため，マスメディア集中排除原則を貫徹するためには，特定の株主が認定放送持株会社を支配する余地を認めてはならないと考えられたためである[42]。しかし，この制度を会社法の観点からみれば，認定放送持株会社の経営権を株式の買収により取得する可能性は排除されたということにほかならない。その結果，立法者にとっては意図せざる結果かもしれないが，買収の可能性を通じた資本市場の規律は大きく損なわれ，認定放送持株会社の形態をとる民放は，所有と経営が分離した状態でエイジェンシー問題をどのように解決するのかという問題に直面することになろう。

　NHKの場合，経営のための資金はもっぱら受信料として視聴者から徴収される。受信料は，受信契約にもとづく契約債務であるが[43]，テレビ放送を受信できる機器を設置した者は受信契約の締結を義務づけられているので（放送法64条１項），この資金調達市場は，NHKの経営を規律する効果を制度上もっていない。もっとも，NHKの不祥事が相次いで報道された2004年・2005年頃には，放送法上の義務にもかかわらず，受信料の支払を拒む視聴者が続出した[44]。それは，債務不履行となるリスクを冒しつつも，視聴者からNHKの経営に対し

て申し立てられた異議であったとも考えられる[45]。2008年頃から、NHKは、受信契約の締結を徹底し、受信料を支払わない視聴者に対しては民事訴訟を利用しても取り立てるという方針を明確にしているが[46]、それは、NHKのガバナンスという面のみからいえば、経営に対する異議申し立てを封じ、エイジェンシー問題を規律する手段を消滅させる結果となっている。

Ⅳ-4 コンテンツ調達市場

日本の現状では、放送番組の中で外部制作のコンテンツが占める割合は、きわめて高い。民放では、報道を含むほとんどの番組が外部スタッフの関与なくしては成り立たない実情にあり、NHKでも子会社を含めた制作会社から調達するコンテンツが、一定割合に達する。そこにはコンテンツの調達取引があり、その市場が存在するということができる。

ところが、現状では、このコンテンツ調達市場は、きわめて閉鎖的である。制作会社は放送局に対して一般的に規模が小さく、二次利用も含めたコンテンツ流通の体制をもたない場合が多い。そのような事情をも背景として、コンテンツの二次利用に関する窓口としての権限を放送局が留保することが通例となっている。そして、民放ネットワークの中では番組制作能力がキー局、準キー局に偏り、ローカル局では、番組の7～8割がネットワーク契約にもとづいてキー局から提供されているという状況にある[47]。

こうした中で総務省は、2009年に「放送コンテンツの製作取引適正化に関するガイドライン」を公表した[48]。このガイドラインは、コンテンツ製作取引に対する下請法及び独占禁止法の適用について、事例を挙げながら説明したものである。下請法は、独占禁止法による優越的地位の濫用規制（独占禁止法2条9項5号）の特別法であり、「優越的地位」を契約当事者の資本金額によって形式的に規定した上で、「濫用行為」の典型的なものを取り出して特に規制した法律と解されているが[49]、現状の寡占的な放送市場を前提とすれば、地上波の放送局をもつ放送事業者は、下請法上の下請事業者に該当しないコンテンツ製作者[50]に対しても「優越的地位」にある可能性が高いと考えられる[51]。そ

のためガイドラインは独占禁止法の適用についても踏み込んで記述している。

　ガイドラインに記述された内容は，その性質から2つに大別することができる。ひとつは，下請法に規定された下請代金の支払期日の規制（下請法2条の2）や発注書面の交付義務（下請法3条）など，コンテンツ製作契約の手続にかかわる問題である。これらのルールは，ガイドラインがなくとも形式的に明確であるが，ローカル局などでは必ずしも完全に遵守されていない実情も散見されたため，改めて注意を喚起する効果があったと考えられる。なお，ガイドラインでは，法令違反を未然に防止するためキー局やNHKが導入していた取り組みを「望ましいと考えられる事例」として記載しており，遵守が十分ではない事業者の参考に供している。

　他方で，ガイドラインには，法律上の禁止事項が一般的な表現で規定されており，解釈・適用に幅があるような問題について，考え方を提示した部分もある。下請法上の「買いたたき」（下請法4条1項5号）や「不当な給付内容の変更及びやり直し」（下請法4条2項4号），独占禁止法上の「優越的地位の濫用」等にかかわる部分である。これらの点について，ガイドラインは，現実に問題となりそうな仮設例（番組改編期の製作費減額，番組に使用する楽曲の出版社の指定など）を記載した上で，どのような要素を，どのようにして考慮するかについて記述している。もっとも，取引の中でどのような行為が「不当」「濫用」そして買い「たたき」にあたるかという基準を示すことは，容易ではない。ガイドラインは，製作費の金額や音楽出版社が一方的に決定されたか，放送事業者と製作会社の間で「十分な協議」が行われたかといった点を重視しており，それだけが決定的な要素ではないとはいえ，手続の問題によって不当性・濫用性の判断を置き換えているという印象もある[52]）。

　コンテンツ供給市場が競争的であれば，質の高いコンテンツを製作し，供給するインセンティヴになる。需要者側の放送事業者が寡占的な市場においては，濫用行為の規制があってはじめて適正な競争状態が回復し，放送事業者に対する市場の規律が働くといえよう。その意味で，ガイドラインの公表もまた，市場の規律によって放送事業者に対するガバナンスを機能させるための政策の一

環であったとも考えられる。とはいえ，濫用行為の規制は，寡占的な市場構造自体を抜本的に解決するわけではない上に，ガイドラインの内容自体も，十分な協議の確保といった手続規制に傾斜せざるを得ないという限界をもっている点で，この市場の規律もまた，きわめて控えめなものである。

V 結　語
——放送事業者が考えるべき課題

　放送法制の目的が放送の多元性を実現するところにあるとすれば，具体的な制度設計は，放送の担い手である事業者のエイジェンシー問題を考慮して，放送事業者に対する適切なガバナンスが働くように行わなければならない。日本の放送法が採用する二元体制は，民放の存在によってNHKのエイジェンシー問題を規制するという意味をもっていると考えられる。その制度が機能する前提は，民放の側が，エイジェンシー問題を会社法の規制や市場の規律によって克服し，NHKに対する有効な競争者として存在することであろう。

　ところが，現状では，民放のエイジェンシー問題を解決する仕組みもまた，きわめて脆弱であるように思われる。キー局は上場会社でありながら，放送持株会社の形態をとれば資本市場を通じたガバナンス（会社支配権の市場による規律）を免れることができ，所有と経営の分離した企業に現れやすい経営者支配を抑制する手段をもっていない。非公開会社であるローカル局の場合，取締役会をさまざまなステイクホルダー間の「交渉の場」とする考え方は受け入れられにくく，株主による経営者のコントロールが強調される傾向にある。その場合には，株主が選択する経営方針が市場の評価にさらされることになるが，商品市場（放送関連サービスの市場）は，2010年の放送法改正により部分的に自由化されたとはいえきわめて限られた範囲であり，コンテンツ供給市場は下請法や独占禁止法の適用によって最小限の適正化が図られているにとどまる。総じていえば，寡占的市場が安定する中で，民放にもNHKと並んでエイジェンシー問題が発生しているという可能性の方が高い。

このような現状を抜本的に改善するためには，従来とは大きく異なる前提の制度を組み立てていく必要があろう。しかし，現在は2010年に放送法が改正された直後であるから，再度，抜本的な制度の改革が行われるまでには，もう少し時間を要すると思われる。そこで，さしあたり現状の制度を前提として，検討するに値すると思われる課題を考えてみると，各社のコーポレート・ガバナンスを強化するという意味で，独立取締役（株主や取引先を含めた一切の関係者と利害をもたない取締役）の登用が考慮に値するであろう。また，株式を上場しているキー局は，敵対的買収に対する防衛策の採用がコーポレート・ガバナンスの実効性を大きく損なうという危険性を認識すべきであり，防衛策の不採用（すでに導入した会社はその廃止）を検討してはどうか。市場における取引の面では，ネットワーク契約の自由化を進め，たとえば，報道以外の番組についてはニュース協定の系列を超えた自由な売買（入札制など）を導入するといった方策も考えられよう[53]。いずれも，放送事業者にとっては，現状を大きく変える可能性をもった「劇薬」に映るかもしれないが，これらの問題を回避し続ければ，各事業者のエイジェンシー問題を解決できないまま，放送事業全体がゆっくりと地盤沈下していくのではないかと懸念される。

　本章の記述には，放送事業者に対して辛口にすぎ，これまで日本の放送を支えてきた関係者の努力を評価していないという批判もあり得よう。一般論としては，日本の放送人のモラル（倫理観）とモラール（士気）が高いことを否定するわけではなく，また今日までに日本の放送が実現してきた成果を称賛することには，まったく吝かではない。しかし，制度を論ずる際には，個人の倫理観や努力に依存する前提で，その設計を考えるわけにはいかないであろう。そして，過去の実績が将来の展望を何ら保証するものではないこともまた，人類の歴史から容易に学び得る教訓なのである。

●注●
1)　本章は，Kozuka, Souichirou (2010) "Plurality in the Broadcasting Sector: An Agency Cost Analysis of the Regulation in Japan", *Asian Journal of Compara-*

tive Law 53, 5において提示した理論枠組みにもとづいて，改正放送法が成立した後の日本の放送法制を分析したものである。
2） 簡単な解説として，井上正・川島康男・脊鵬・中山幹夫（1997）『ミクロ経済学』東洋経済新報社，p.248以下，清水克俊・堀内昭義（2003）『インセンティブの経済学』有斐閣，pp.5-7など。やや詳細な説明としては，柳川範之（2006）『法と企業行動の経済分析』東洋経済新報社，p.18以下がわかりやすい。
3） Kraakman, Reinier et al. (2009) *The Anatomy of Corporate Law: A comparative and Functional Approach*, 2nd ed., Oxford University Press, p.36. 参照。
4） Hitchens, Lesley (2006) *Broadcasting Pluralism and Diversity*, Hart Publishing, p. 31; Katsirea, Irini (2008) *Public Broadcasting and European Law*, Kluwer Law International, p.155. 塩野宏（1989）「日本における放送の新秩序の諸原理」『放送法制の課題』有斐閣，p.354，浜田純一（1997）「放送と法」岩村正彦他編『岩波講座　現代の法　10　情報と法』岩波書店，p.90，宍戸常寿（2005）「公共放送の『役割』と『制度』」ダニエル・フット・長谷部恭男編『融ける境　超える法　4　メディアと制度』東京大学出版会，p.143，鈴木秀美・山田健太・砂川浩慶編著（2009）『放送法を読みとく』商事法務，pp.97-99。
5） Fowler, Mark S. & Daniel L. Brennan (1982) "A Marketplace Approach to Broadcast Regulation", *Texas Law Review*, 60, p.207. 簡単な紹介として，長谷部恭男（1992）『テレビの憲法理論』弘文堂，p.88。
6） コンテンツ市場における米国産業の振興などは，少なくとも新たなアプローチを提唱する目的としては意識されていない。
7） Klimkiewicz, Beata (2008) "Media Pluralism and Enlargement: The Limits and Potential for Media Policy Change" in David Ward (ed.), *The European Union and the Culture Industries: Regulation and the Public Interest*, Ashgate Publishing, pp.82-83.
8） 放送政策研究会『最終報告』（平成15年2月27日）pp.7-8参照。鈴木・山田・砂川編著，前掲書，p.97，曽我部真裕（2011）「マスメディア集中排除原則の議論のあり方」『法律時報』83巻2号，p.93。
9） 舟田正之（2002）「マスメディア集中排除原則の見直し―一試案」『立教法学』62号，pp.2-3，曽我部，前掲論文〔注8〕，p.94。もっとも，マスメディア集中排除原則による多元性の確保が，放送の多様性を実現するための手段として有効であるかという点は，理論的には大きな問題である。長谷部，前掲書〔注5〕，pp.135-137参照。
10） 以下の内容については，小塚荘一郎（2002）「放送事業と商法」『法学教室』258号，p.81でも簡単に論じた。
11） Hansmann, Henry (1996) *The Ownership of Enterprise*, The Belknap Press of Harvard University Press, p.11. 藤田友敬（1998）「企業形態と法」岩村正彦他

編『岩波講座現代の法　7　企業と法』岩波書店，p.40．
12)　法律上，「残余財産分配請求権」という用語があるが（会社法105条1項2号・504条以下），これは，会社が解散する場合に，すべての負債を支払った上で残る財産の分配を求める権利を意味している。「残余権」は経済学に由来する用語であり，会社の解散・清算を前提としていない上に，具体的な分配を受けることを必ずしも意味しない（利益が組織内に留保され，株式等の持分の経済的価値が増大することを通じて利益を受けることも含む）という点で，残余財産分配請求権と同じではない（藤田，前掲〔注11〕，p.56，注15参照）。
13)　Kraakman et al., *supra* note 3, p.28.
14)　受信料の負担は外国人にも課されるから，実は，受信料負担者としての視聴者と「国民」の概念も一致するわけではない。
15)　放送法の条文に則して記述すれば，このように，視聴者には「所有者」としての経営支配権はないのであるが，本文Ⅳ-3に述べるような状況を背景として，「受信契約者の放送法上の地位」という観点から，NHK の受信契約者には費用分担者としての発言権を観念することができ，受信者の意見を反映する積極的なシステムの開発が求められているとも指摘されている（塩野宏（2011）「放送受信料考」『加藤一郎先生追悼論文集・変動する日本社会と法』p.381（有斐閣））。
16)　Hansmann, *supra* note 11 pp.238-239.
17)　放送は商品ではなく「サービス」であるが，以下では，サービスを含む意味で「商品市場」という表現を用いる。
18)　ただし，ここにいう「競争」の意味については，経済的競争ではなくジャーナリズム上の競争であるといわれている（塩野，前掲書〔注4〕，p.355）。放送サービスについて，純粋に経済的な競争が視聴者に対して便益をもたらすという考え方に対しては，日本では，否定的な見解が強い（長谷部，前掲書〔注5〕，89頁以下）。もっとも，最近では，市場が果たす役割に対して，従来よりも大きな評価を与える見解も現れている（宍戸常寿（2007）「情報化社会と『放送の公共性』の変容」『放送メディア研究』5号，pp.177-178）。
19)　Kraakman et al., *supra* note 3, p.36.
20)　日本放送協会「『芸能番組制作費不正支出問題』等に関する調査と適正化の取り組みについて」（2004年9月7日）。なお，土屋英雄（2008）『NHK 受信料は拒否できるのか』明石書店，pp.11-12参照。
21)　NHK 広報局「職員の株取引をめぐる証券取引等監視委員会の調査について」（2008年1月17日報道発表）。
22)　事実関係については，「発掘！あるある大事典」調査委員会『調査報告書』（2007年3月23日）に詳しい。
23)　事実関係については，東海テレビ放送「ぴーかんテレビ」検証委員会『「ぴーかんテレビ」検証報告書』（2011年8月30日）に詳しい。

24) 一例として，West, Mark D. (2006) *Secrets, Sex and Spectacle*, University of Chicago Press, pp.31-32.
25) 鈴木秀美・山田健太編著（2011）『よくわかるメディア法』ミネルヴァ書房，pp.216-217，参照。
26) 浜田・前掲論文〔注4〕，p.93参照。最近では，2005年1月に，従軍慰安婦［戦時性暴力］を取り上げた2001年の番組『戦争をどう裁くか』の編集過程において，国会議員からの圧力により番組内容が変更されたのではないかという問題が内部告発により提起された。取材協力者が放送内容に対する期待権の侵害を主張して損害賠償を求めた訴訟において，最高裁は，同時期にNHKが国会議員と接触していたことは認定したが，番組内容の変更がその結果であったか否かについては特に述べず，請求を棄却した（最判平成20.6.12民集62巻6号，p.1656）。
27) 「東日本大震災時の被災者の行動とメディア接触に関する調査」『民放経営四季報』2011年秋号，p.20，木村幹夫「ラジオへの高い評価・信頼が顕著」『月刊民放』2011年12月号，p.38。
28) 巨大な自然災害に直面した被災者は，中央・地方の政府が発する情報を入手することを求めるので，振り返って，それを伝達する媒体として有用であったメディアには高い評価を与えるであろうと考えられる。しかし，いうまでもなく，報道機関としての放送事業者は，政府情報の伝達者にとどまってよいわけではなく，「どのような情報を」「どのようなスタンスで」提供したかという観点から評価されるべきであろう。この点について，「もしもスリーマイル島原子力発電所の事故が現代に起こっていたら」というシミュレーションを述べるKovach, Bill & Tom Rosenstiel (2010) *Blur*, Bloomsbury, pp.1-6 は示唆に富んでいる（同書の簡単な紹介として，奥村信幸「ニュースが断片化して拡散する受け手に求められる選別と検証」『Journalism』2011年9月号，p.72）。
29) 「発掘！あるある大事典」調査委員会・前掲報告書〔注22〕・p.99以下。
30) 関西テレビ再生委員会『答申書』（2007年5月29日）。
31) 関西テレビ放送「コーポレート・ガバナンスの強化（経営機構改革）について」，「役員人事について」（いずれも2007年5月30日報道発表）。
32) 関西テレビ再生委員会・前掲『答申書』〔注30〕，pp.13-14。
33) そもそも，関西テレビは上場会社ではないので，経営者と株主との間のエイジェンシー問題を解決するためであれば，取締役に株主の利益を代弁させる必要もないはずである。
34) ステイクホルダー・モデルについて簡単には，宍戸善一（2006）『動機付けの仕組としての企業』有斐閣，p.21以下。この詳細な検討として，落合誠一（2010）『会社法要説』有斐閣，p.47以下。
35) 東海テレビ放送再生委員会『答申書』p.39（2011年11月15日）。
36) たとえば，山本博史（2011）「新放送法のNHK関係の課題」『法律時報』83

巻2号，p.102は，2007年の放送法改正を「商法・会社法改正におけるガバナンス強化のアナロジー」であったと理解している。しかし，以下の本文に述べるとおり，改正によってNHKに導入された制度は，会社法が委員会設置会社において採用したモニタリング・モデルとは異なるものとなっており，そのようなガバナンス・モデルとしての性格の不明確さこそが指摘されるべきではないかと思われる。なお，モニタリング・モデルについては，落合誠一（2011）「独立取締役とは何か」日本取締役協会監修『独立取締役の現状と課題』商事法務，3頁以下所収参照。

37) 江頭憲治郎（2009）『株式会社法 [第4版]』有斐閣，p.524，落合・前掲論文〔注36〕，p.15。
38) たとえば，Thomsen, Steen & Caspar Rose (2004) "Foundation Ownership and Financial Performance: Do Companies Need Owners?" *European Journal of Law and Economics*, 18 p.343.
39) 2010年の放送法改正については，本書第6章参照。
40) 倉澤資成（1989）「証券：企業金融理論とエイジェンシー・アプローチ」伊藤元重・西村和雄編『応用ミクロ経済学』東京大学出版会，p.89参照。
41) 企業買収の可能性が会社経営に対して規律を与えるという積極的な意味をもつことについては，日本でも広く承認されている。経済産業省企業価値研究会『企業価値報告書』（2005年5月27日）31頁，同研究会『近時の諸環境の変化をふまえた買収防衛策の在り方』（2008年6月30日）1頁。理論的な説明として，柳川，前掲書〔注2〕，60頁以下参照。なお，買収者自身が経営に携わる必要はないので，対象会社の事業分野に通じていない買収者であっても，その事業に通じた経営者を新たに招聘することができれば，有効な規律となる。
42) 総務省デジタル化の進展と放送政策に関する調査研究会『最終報告』（2006年10月6日）p.31。
43) 塩野宏「受信料をめぐる法的問題点」前掲書〔注4〕，p.261。
44) 土屋・前掲書〔注20〕，p.19参照。
45) 浜田純一（1997）「展開する公共性と公共放送」『放送学研究』47号，98頁も，十分な強制力をもたない受信料制度がNHKの経営に緊張感を与えると指摘している。
46) 「NHK受信料の窓口」と題されたNHKのウェブサイト〈http://pid.nhk.or.jp/jushinryo/〉には，そうした民事訴訟に関する公表資料が掲載されている。
47) 砂川浩慶（2001）「放送をめぐる制度と実態の概説」舟田正之・長谷部恭男編『放送制度の現代的展開』有斐閣，p.9。
48) 総務省『放送コンテンツの制作取引適正化に関するガイドライン [第2版]』（2009年7月10日）。
49) 粕渕功・杉山幸成編著『下請法の実務 [第3版]』公正取引協会，pp.11-12。

50) たとえば，アニメーションの制作会社の中には，資本金が5000万円を超えるものも一定の割合で存在するが（公正取引委員会事務局『アニメーション産業に関する実態調査報告書』（2009年1月）では，アンケートに回答した事業者の2割近くがこれに該当したとされる），そのような制作会社は下請法上の「下請事業者」に該当しない（下請法2条8項3号4号参照）。
51) 公正取引委員会事務局・前掲『実態調査報告書』〔注50〕，p.48，総務省・前掲『ガイドライン』〔注48〕，p.6。
52) 「十分な協議」という手続を不当性の判断要素として勘案することは，下請法の運用において一般的に取られている考え方であり，総務省の前掲『ガイドライン』〔註48〕に特有の内容ではない。とりわけ，情報成果物作成委託では，発注時には委託内容を厳密に特定しがたい場合もあるので，費用負担等について「十分な協議」が行われるならば，やり直しを求めることも下請法の違反にはならないとされている（下請法運用基準・第4，8(4)）。
53) 民法ネットワークの問題は，本章では検討する余裕がなかったが，小塚荘一郎「継続的契約としてのネットワーク」新堂幸司・内田貴編（2006）『継続的契約と商事法務』商事法務，p.139参照。

第3章
情報のデジタル化と伝送路・端末の多様化

小向　太郎

I　情報のデジタル化と放送

I-1　デジタル化と放送

　近年，あらゆる情報がデジタル化されつつあり，放送もデジタル化が進められている。1996年にはCSを利用したデジタル放送が，2000年にはBSデジタル放送の本放送が，それぞれ開始されている。さらに，2001年7月25日の電波法改正によって，地上アナログ放送を2011年7月24日までに終了することが定められ，2003年から地上デジタル放送が開始された。東日本大震災の主な被災地（岩手県，宮城県，福島県）については延期されたが，2012年3月31日にアナログテレビ放送が終了している。

　放送のデジタル化は，放送事業者にとって新たな放送設備の整備や移行期におけるサイマル放送の負担など，特にローカル局の経営に大きな影響を与えたといわれている。また，全国の視聴者が保有するテレビ受像器が，デジタル対応のものになっていることが前提となるため，普及不足や混乱を危ぶむ声も最後まであった。

　確かに地上テレビ放送のように全国の各家庭まで広く浸透したネットワークをリプレースすることは，それだけでも社会的にも大きな出来事である。しかし，放送に対する情報のデジタル化は，放送用電波によって配信される放送番組がデジタル情報になったということに止まらず，従来放送が担ってきた役割

自体に変化をもたらす可能性のあるものである。特に，民間放送事業者による地上テレビ放送については，全国ネットワークの在り方そのものに影響を受ける可能性がある。

　本章では，情報のデジタル化にともなう情報関連産業全体の変化と放送の関係について，地上民放テレビ放送を中心に考察し，今後の課題を検討したい。

Ⅰ-2　デジタル情報の特徴

　デジタル情報とは数字によって記述された情報である。情報通信技術を用いて情報を伝達する際には，情報を符号化する必要がある。そして，符号は別の体系の符号に必ず変換することができる。換言すれば，伝達可能な情報は，一定のルールを定めればすべて数値に置き換えることができる。音声も画像も，それぞれを細分化して単位当たりの特性を標本化することで数値に変換される。

　数値に置き換えることで，処理を数学的に柔軟に行うことができる。一定の規則性がある数字の集合を簡潔な数式で記述することは，数学や工学の世界で高度に発達している。数学的な手法を数値化された情報処理に応用することで，処理の効率化や高度化を図ることができる。圧縮技術などはその代表的な成果である。

　また，数値化された情報は，加工・改変を柔軟に行いやすい。CG（Computer Graphics）技術の進展によって，デジタル技術を駆使した劇場用映画では，CG上でのみ存在するキャラクターが生き生きと活躍している。

　さらに，デジタル化された情報は，大量情報の管理が行いやすくなる。情報の検索もアナログ情報に比べると容易であり，メタ情報（情報の属性に関する情報）を付加することでさらに高度な利用が可能になる。

　現在のデジタル情報は，数値化に際してすべて二進数が使われている。二進数で使用される数字は，「0」と「1」だけであり，電子的にはオン（通電状態）とオフ（非通電状態）だけで表現できるため，電子機械にとって最も処理がしやすい。また，情報伝達に際してはノイズの混入が不可避であるが，オンかオフかという情報は，ノイズによって識別が困難になる可能性も低い。した

がって，デジタル情報は伝達によるクオリティの低下を最小限に抑えることができる。

デジタル情報には以上のような優位性があるため，情報機器はデジタルに急速にシフトしつつある。かつてアナログのレコードが主流であった音楽ソフトは20年以上前からコンパクトディスクへの移行が進んでいるが，最近では，i-Podに代表される，PC（パーソナル・コンピュータ）と連携した携帯音楽プレイヤが急速に普及している。これにより，楽曲のコレクションを整理し，携帯音楽プレイヤで持ち歩く音楽を入れ替えることも非常に容易になり，デジタル情報のメリットを享受できるようになった。映像の録画についても，現在はビデオテープに代わってハードディスクレコーダが主流になっており，カメラもデジタルカメラになっている（小向 2011：3-11）。

I-3　ネットワーク・ビジネスの発展

情報のデジタル化によって，あらゆる情報をコンピュータによって処理することが可能になった。そして，コンピュータ同士がネットワークで接続されることで，現在ではオフィスや家庭のコンピュータから，世界中のコンピュータにアクセスができるようになっている。

2011年末におけるわが国のインターネット世帯利用人口普及率は79.1％，インターネットの利用人口はおよそ9,610万人（対前年1.6％増）とされている。インターネットへ接続するための端末としては，パソコンのほかに携帯電話等を利用している利用者が多いのが日本の特徴であるといわれている。アクセス回線はブロードバンド化が進んでおり，2010年末におけるブロードバンド接続サービスの契約数は，約3,953万件である（総務省 2012：310-330）。

インターネットを一般の人が使えるようになったのは，1990年代の半ばからである。それ以前の時代には，一般の人にとって電子メールやWebページは存在しなかったといってよい[1]。現在，全国で7,000万人以上の人が使っている携帯電話からのインターネットアクセス（モバイル・インターネット）も，NTTドコモがi-modeサービスを開始した1999年までは存在しなかった。わ

が国のモバイル・インターネットは，携帯電話事業者の主導で超小型の端末にさまざまな機能が凝縮され，音楽プレイヤやカメラ，電子マネー等の機能が取り込まれた大変便利なものとなっている。一方で，iPhone や Android 登載端末のようなスマートフォンの登場で，より PC に近い情報端末としての利用も進んでいる（川濱・大橋・玉田編 2010）。これらの携帯端末は，映像コンテンツを見る端末としても，急速に重要性を増している。

　また，デジタル・ネットワークの普及に伴い，今までのビジネスの常識を揺るがすような新しいビジネスモデルが次々と現れている。そうした中で，特に最近注目を集めているのが，プラットフォーム機能を提供するビジネスである。プラットフォームという言葉はかならずしも明確に定義されているわけではないが，たとえば ICT 産業におけるプラットフォームは「複数のネットワーク・端末をシームレスにつなげ，さまざまなアプリケーションを提供しやすくするための共通基盤」（総務省 2005）などと位置づけられている。

　ブログや SNS（Social Network System），Twitter などでは，ネットワークに接続している多数の人による情報発信が有機的に結びついてコミュニケーション全体が活性化している。こうしたサービスは，コミュニケーションのプラットフォームを提供するものといえる。わが国では，携帯電話を中心としたソーシャルゲームが巨大になっている。モバゲー，グリー等に代表されるソーシャルゲームのプラットフォームは，大きなビジネスになっている。また，iPhone や Android 搭載端末は，さまざまな人によって開発されたアプリケーションを端末にダウンロードして利用することができる。アップルやグーグルは，これらのアプリケーションを集めて配信するアプリケーションストアを提供している。携帯電話事業者もアプリケーションストアの運営に乗り出している。

　情報に関するビジネスは，従来のコンテンツ調達とそのディストリビューションに加えて，上記のようなプラットフォーム，ネットワークへのアクセス，端末（インターフェース），ビジネス支援（課金システムや設備の提供）といった分野で，新しいプレイヤがしのぎを削っている。従来の情報通信産業では，電気通信事業者を中心とするインフラストラクチャ提供事業者の存在が大きか

ったが，すでにプラットフォーム的な機能を担うサービスに，マーケットの中心が移りつつあるという指摘もある（ATKERNEY 2010）。情報通信産業全体に占める伝送路のウェイトが急速に小さくなっていることは間違いがない。

II 放送への影響

II-1 伝送路と端末の多様化

　わが国の制度において，電気通信と放送は明確に区分されてきた。放送は，電気通信の一種であるが，当初から電気通信のなかでも特別な地位を占めるものとされてきた。これは技術的な制約から，不特定多数に大出力で送信する放送（テレビ・ラジオ）と，1対1のコミュニケーションを実現する通信（電信・電話）が二極化し，その性格が大きく異なったことに由来する。

　情報の流通形態が多様化する中で，通信・放送の伝送路や端末の共用化が起きている。技術的には，光ファイバでテレビ番組を流すことは容易になっており，映像番組がインターネットでも流れている。通信業界でトリプルプレイと呼ばれる電話とインターネットと放送をひとつのパッケージにしたサービスが，一般的になっている国もある。

　わが国でも，放送コンテンツを電気通信で伝送することが可能となったことを受けて，電気通信設備を利用した放送を制度的に可能にするために，2001年に電気通信役務利用放送が制定された。この法律によって，公衆によって直接受信されることを目的とする電気通信の送信であって，その全部又は一部を電気通信役務を利用して行うものが「電気通信役務利用放送」として認められるようになった。電気通信役務利用放送には，衛星通信設備を使用して行われる衛星役務利用放送と有線電気通信設備を利用して行われる有線役務利用放送がある。なお，2010年の放送法の改正により，有線ラジオ放送法や有線テレビジョン放送法とともに，電気通信役務利用放送法も放送法に統合されている。

　使用される端末についてみると，同じ端末で通信・放送の両方が利用可能になってきている。たとえば，携帯電話でワンセグ放送が見られるし，PCでは

インターネットの利用もテレビ視聴もできる。テレビ受像器でインターネットに接続する機能も登場している。

新たな通信・放送の中間領域的サービスも登場した。インターネット上で公開されている情報は，1対多のコミュニケーションの代表であるが，現在の制度上ではそのほとんどが電気通信による情報発信と位置づけられている。放送の分野でも，多チャンネル化の実現に伴い，限定された視聴者に対して情報を提供する放送が以前から登場しており，両者の実質的な差異は次第に薄れている面がある。

YouTubeやニコニコ動画のような動画サイトでは，利用者の投稿や独自のコンテンツが大量に配信されている。米国ではHuluやNetflixのような動画のオンデマンド配信サービスが急速に利用者を増やしている。わが国でも，インターネットを介した動画のオンデマンドサービスが，さまざまな事業者によって提供され始めている。少なくとも動画コンテンツを家庭に配信することは，テレビ放送の独壇場ではなくなった。

テレビの視聴のされ方も変わってきている。たとえば，少し前に米国ではTiVoという録画機が，ユーザの好みそうな番組を自動的に学習して録画して，ユーザ自身が好むコンテンツを作ってくれるとして話題になった。わが国では，地上テレビ放送の全番組を一定期間録画できる機器が販売されている。テレビ放送は録画をしておいてあとでみるというスタイルを好む人は増えており，このような視聴におけるテレビCMの効果について，疑問を投げかける見方もある。

このような傾向が顕著になってきた背景には，情報を伝達する際のフォーマット，形式がデジタル情報になり統一されてきたことがある。1990年代の半ばから顕著になった伝送路のデジタル化は，従来の通信と放送が前提としていた技術とは異なった性格をネットワークにもたらしている。情報の規格が統一されると，端末とか伝送路は技術的には簡単に共有できる。さまざまな情報が同じネットワークを使って伝達できるようになり，通信と放送は技術的には峻別する必要が少なくなっている。そうすると，端末や伝送路は一緒に使うほうが

効率的なので，次第に何でも使えるようになってくる。その結果として，コンテンツや事業体といった上部構造にも共用や融合が行われているのである。

II-2 　視聴者との接点

　従来のマスメディアの特徴として，情報の受け手との直接の接点が少ないことがあげられる。放送は公衆に対して一方的に送信するものであり，直接的に受信側の情報を把握する方法も技術的に存在しなかった。放送以外のメディアである新聞や出版においても，従来は新聞社や出版社が，誰が購読をしているかということを把握してこなかった。米国の雑誌社のように，定期購読者向けの雑誌が多く読者に関する情報が重要な資源となってきた例はあるが，少なくともわが国のマスメディアは，受け手との接点をあまりもってこなかったといえる。

　しかし，デジタル・ネットワークを介してサービスが行われるようになると，状況は一変する。どのようなコンテンツであっても，伝送路にIP網を利用した場合には，どの端末にどのような情報が伝送されたかを把握できるようになる。放送事業者が視聴情報を正確に把握することも，技術的には可能になる。どのようなコンテンツを視聴したかという情報は，場合によってはセンシティブな性格をもちうるため，情報の取り扱いについて，特別な義務が課されている場合もある。

　米国の1984年ケーブル・コミュニケーションズ法（Cable communications Act of 1984）は，加入者のプライバシーに関して，収集や利用に制限を設ける規定をおいている（47 U.S.C. §551.）。また，わが国の総務省が放送受信者の個人情報に関して定めたガイドラインでも，視聴履歴等の管理に関して，漏洩等がないように配慮すべき旨を定めた規定がある（総務省「放送受信者等の個人情報の保護に関する指針（平成16年8月31日）」総務省告示第696号）。

　また，わが国の電気通信事業法第4条は，「電気通信事業者の取扱中に係る通信の秘密は，侵してはならない」として通信の秘密侵害を禁止している。これを侵した者は，懲役（電気通信事業に従事する者は3年以下，それ以外の者は2

年以下）または罰金（電気通信事業に従事する者は200万円以下，それ以外の者は100万円以下）の対象となる。そして，通信の秘密には，通信内容以外に，個別の通信の通信当事者がどこの誰であるかということや，いつ通信を行ったかということが含まれるとされており[2]，かなり広い範囲の情報が通信の秘密に当たるというのが，わが国で伝統的にとられている考え方である。

電気通信事業法上の通信の秘密に関する規定は，放送事業者が行う放送に直接適用されることはない。しかし，電気通信役務を利用して放送が行われる際の伝送は，通信によって行われることになる。放送のコンテンツは不特定多数に公表されている情報であり，それ自体に秘密としての性格はもちろんないが，それを伝送する通信がどのように行われているかということは，本来は通信の秘密保護の対象となるとも考えられる。このような観点からは，通信の秘密に関しても通信と放送の融合による影響があり得る。

今後は，視聴者との接点から得た情報をどのように取り扱っていくかということも，検討を要するようになる。

II-3　環境変化とビジネスモデル

地上民放テレビ放送は，いうまでもなく広告収入を主体とするビジネスである。しかし，同じ地上民放テレビ放送局でも，この広告収入を得る源泉に関して，いわゆる在京キー局（それに準ずる制作力のある放送局を含む）とローカル局はビジネスモデルが異なる（日本民間放送連盟研究所 2010：32-38）。

在京キー局は，コンテンツを作ってそれを配信し，そのコンテンツに付加する広告の収入を収益源とする。コンテンツの受益者からの直接収入がないことを別にすれば，提供するコンテンツと広告をバンドルして広告収入を得ているという点では，新聞，雑誌といった他のマスメディアと変わらない。

そして，在京キー局が提供する放送番組は，高い信頼と支持を得ており，メディアの多様化の中で若干の相対的な地位の低下があるとしても，引き続き社会から求められるものであると考えられる。広告収入の減少にともない収益源の多様化やコストダウンの必要性に取り組む必要があるのは当然であるが，必

ずしも構造的な問題ではないともいえる。

　なお，民間放送は，広告主と視聴者という二種類の顧客が相互にネットワーク効果をもつ，「二面市場」のひとつであると考えられている。二面市場とは，複数属性の顧客間でネットワーク効果（正の外部性）が相互に働く場合に，それらの複数属性顧客を対象とする市場であるとされ，そのような市場にフォーカスした経済学的な分析が試みられるようになっている（Rochet & Tirole 2003, 山﨑 2008）。このような市場では，両サイドの顧客に対して適切な課金の仕組みを提供することによって，両者を参画させることができるため，片側の顧客だけをみると原価割れの料金で商品やサービスが提供されることがある。このような傾向は，新たに登場しているインターネット上のプラットフォームビジネスではより一般的にみられる。ポータルサイトや検索エンジン，SNSの多くがエンドユーザに対して無料でサービスを提供している。テレビ放送が，映像コンテンツビジネスとして先行していた映画産業との競争に勝利した要因として，映画産業の囲い込み政策が失敗したことや放送業界のコンテンツ充実の努力があげられることも多いが，視聴者にとって無料のコンテンツであったということがやはり大きな優位点であったはずである。

　民間放送の場合は，放送の広告媒体としての価値が高いことから，広告収入によって運営し視聴者には課金しないというプライシングが合理性をもっていた。無料放送を広く普及した受像機に向かって放送することが，多数の視聴につながり広告媒体としての価値を高めている。これによって得られる広告収入によって良いコンテンツをつくることができ，これがさらに視聴者の支持を得る源泉となる。ただし，広告媒体としての優位性を支えていたのは，コンテンツとして優れていたことに加えて，家庭に映像を配信するチャンネルの希少性があったことは疑いがない。

　伝送路と端末の共用化は，放送という存在自体の揺らぎを生じることになる。従来テレビ放送を受信することに特化していたテレビ受像器に対して，着実に他のメディアからのコンテンツが流れ込むことになる。在京キー局にとって今後必要なことは，番組制作能力とブランド力をより強固にすることであろう。

一方，いわゆるローカル局については，事業にもうひとつの二面性があることを認識する必要がある。ローカル局も自局の総合編成を自ら行っていることはいうまでもないが，放送する番組に着目すれば，キー局から供給される番組を放送する機能と，自ら制作した番組を放送する機能に分けることができる。そして，前者の番組（全国放送番組）については当該番組に関する広告収入とキー局から支払われる電波料が収益源であり，後者（ローカル番組）については自社制作番組に関わる広告収入が収益源となる。

　全国放送される番組に関わる広告収入の形態がさまざまであること，報道などひとつの番組で両者が混在する場合があること，スポット広告はどちらに関わる収入なのか判別しにくいことなど，必ずしも厳格に分別できるものではないが，基本的には全国放送番組とローカル番組について，どのような収益があるかを分析することは可能である。コストについても，放送を送出するコストと，自ら放送する番組を制作するコストについて，それぞれ算出することは，理論的には可能であろう。

　こうした会計分離は現実にはなされていないのであくまで推論であるが，全国放送番組に比べてローカル番組の収益性が悪い場合が多いと考えられる。多くのローカル局が，地域多様性の担い手として自主制作番組の重要性を認識しながら，なかなか自主制作番組に積極的になれないのは，こうした経済的な要因による。

　そして，技術の進展によって伝送路のコストは低下していくのに対して，労働集約的な側面のある番組制作は，品質を維持したままのコストダウンが難しい面がある。また，県域免許という性格から，ローカル局のマーケットサイズには，大きな地域格差がある。そして，マーケットサイズの大きさと区域内の設備を整備するコストの大きさが必ずしもマッチしていない（マーケットサイズが小さいのにコストがかかる地域が多い）。一般に，マーケットサイズが小さいローカル局には，自主制作番組に取り組む余力がないということになる。

　これは，ローカル局経営の構造的な問題である。ローカル局がとり得る戦略としては，収益性の悪い自主制作番組をやめて伝送に特化するか，何らかの形

でマーケットサイズを拡大することが考えられる。このうち前者は，経営効率化の観点からは非常にシンプルかつ効果的な戦略である。しかし，地域からの情報発信を全く行わなくなってしまうことは，放送局としての存在意義にも関わることであり，現在強い影響力をもつ放送というメディアから地域性が失われることには問題がある。また，情報通信産業全体の中で，伝送路の重要性が相対的に低下する傾向にあることはすでに述べたとおりである。伝送路の共用化が進む中で，放送だけが例外ではあり得ない。伝送路から得られる収益は逓減傾向にあると考える必要がある。

　ローカル局については伝送部分とコンテンツ部分について，それぞれの収益とコストを十分に分析する必要がある。伝送路の多様化によってこの2つを峻別せざるを得ない時期が必ず来る。ローカル局にとって必要なことは，安定的な伝送路の維持と，地域性を重視した番組制作について，それぞれの収益性と存在意義を見直す必要がある。

Ⅲ　放送の存在意義と将来

Ⅲ-1　放送法改正

　情報のデジタル化にともなう通信と放送の融合に対応するために，制度の見直しが検討されてきた。2005年に設置された「通信・放送の在り方に関する懇談会」(竹中平蔵総務大臣(当時)の私的懇談会)以来，通信と放送に関する総合的な制度の在り方が議論されてきた。2009年8月26日に「通信・放送の総合的な法体系の在り方〈平成20年諮問第14号〉答申」が出されている(以下，「答申」という)。

　この答申では，通信・放送全体を「伝送設備」「伝送サービス」「コンテンツ」という3つの視点から，集約・大括り化して，情報通信利用の活性化と信頼性及び利便性の向上を目的とした制度の見直しを行うことが示された[3]。一連の検討過程において，インターネット上の情報発信に関しても，公然性を有するものに関しては一定の規律を導入するという考えが示されたことがあった。

しかし，表現の自由の観点から反対する意見が多く，新たな規制を導入する必要性に乏しいことから，特別なコンテンツ規制を課す対象である「メディアサービス」を，いわゆる従来の「放送」に止めるという考え方が示されている。この答申を受けて「放送法等の一部を改正する法律」が，2010年11月に成立している。

放送法改正は，放送関連4法（放送法，有線ラジオ放送法，有線テレビジョン放送法，電気通信役務利用放送法）を統合・集約するとともに，「放送」の定義を従来の「公衆によって直接受信されることを目的とする無線通信の送信」から，「公衆によって直接受信されることを目的とする電気通信の送信」に，対象を広げている。そして，放送を「基幹放送（放送用に専ら又は優先的に割り当てられた周波数を使用する放送）」と「一般放送（基幹放送以外の放送）」に区分し，一般放送については参入に関する規制を緩和している。また，基幹放送の行政手続が無線局の設置・運用（ハード）と放送の業務（ソフト）に分離されたが，ハード・ソフト一致を希望する地上放送事業者のために，ハードの免許のみで放送の業務も行いうる現行の制度を併存することとなった。

電気通信や放送についてレイヤーを分けて議論する本来の目的は，本当に規制が必要な分野を明確にして，規制する必要性の少ない分野に対しては規制緩和を行うことで，事業活動の活発化を促進することであるといえる。今回の改正においては，一般放送等に対する規制の緩和や電波利用の促進のための制度が導入されており，これが十分な効果を上げられるかどうかがまず問われるべきであろう。

III-2 「放送」の定義

今回の放送法改正によって，放送の定義が，「公衆によって直接受信されることを目的とする電気通信の送信」となった。伝送路が多様化していることを踏まえて，従来の「無線通信の送信」を電気通信全般に広げたものである。これに対しては，インターネット上で不特定多数に向けて発信される情報が明確に除外されなくなるという批判がある（山田 2011：84-87等）。

電気通信事業者が「通信の秘密」を保護するためにコンテンツに関与することを原則として禁止されているのに対して，放送事業者に対しては従来から番組編集に対する内容規制が行われている。放送法第4条の規定は，番組編集準則と呼ばれ，「① 公安及び善良な風俗を害しないこと，② 政治的に公平であること，③ 報道は事実を曲げないで行うこと，④ 意見が対立している問題については，できるだけ多くの角度から論点を明らかにすること」を，国内放送の編集に求めている。また，電波を送信するためには電波法に基づく免許が必要であり（電波法第4条），放送局の免許は「放送局の開設の根本的基準」に基づいて付与される。この基準においては，財政的基盤等とともに番組編集準則と同様の規定がある。この他にも，番組等にかかわる規定として，番組基準（第5条），放送番組審議機関（第6条），番組基準等の規定の適用除外（第6条），訂正放送等（第9条），放送番組の保存（第10条），再放送（第11条），災害の場合の放送（第108条）がある。

　放送事業に対するコンテンツ規制が許される根拠については，憲法学説上の争いがあるが[4]，少なくとも規制が行われる前提として，地上波テレビ放送に代表される放送が，他のメディアと比べて特別な影響力を事実としてもっていることがあると考えられる。新聞等のプリントメディアが，読者によって主体的に読まれるのに対して，テレビは人間の受動的で無防備な部分に働きかけて知らず知らずの間に強い影響を与えている面がある。実態としてそういう影響力のあるサービスに対して，ある程度強い規制を課すという考え方には合理性がある[5]。

　このような観点から，具体的な規制を検討するにあたっては，そのような影響力の有無をどのように判断するかが問題となる。現在の放送に関していえば，電波を使って無料の（広告）放送を広く普及した受像機に向かって放送することが，媒体としての価値を高め良いコンテンツをつくる原資を生むという，正の循環が，放送の強い影響力に繋がっているといえる。そして，そのような影響力を得ることになる契機である電波免許を規制の基準にすることには，現在のところ合理性があると考えられる。

答申においても，放送は「① その送信の特徴から社会的な影響力が大きいこと，② 有限希少な周波数を占用するものであること（無線によるものに限る。）から，放送法制によって包括的に規律されて」いるという規制根拠に関する考えを示し，現在のところ従来の「放送」だけがこのような規制の対象となるべきだという認識が示されている。

　しかし，今後放送と同様の規制を他のメディアに導入することが検討されるのであれば，規制の根拠となる影響力の程度を，誰がどのように判断するかということが重要になる。今までの放送事業者は，電波の周波数という伝送路が，いわば影響力の源泉となっていたため，ある意味では客観的な基準で規制対象が限定されていたといえる。伝送路の多様化を考えれば，無線だけを特別に扱うことがいつまでも妥当かどうかは議論があり得る。これを離れて規制を考える際には，どのような客観的かつ公正な基準を設けられるかが重要である。

Ⅲ-3 「基幹放送」の在り方

　今回の改正によって「基幹放送」という概念が制度に導入された。基幹放送事業者とは，「放送する無線局に専ら又は優先的に割り当てるものとされた周波数の電波を使用する放送」と定義され（放送法第2条第2号），それ以外の一般放送と区別されている。基幹放送については，「基幹放送普及計画」が総務大臣によって定められることになっており，「基幹放送の計画的な普及及び健全な発達を図るための基本的事項」や地域放送される放送系の数の目標が定められることになっている。

　なお，NHKに対しては，「あまねく日本全国において受信できるように豊かで，かつ，良い放送番組による国内基幹放送（国内放送である基幹放送をいう。以下同じ。）を行う」ことが義務付けられている。従来から「民放局はこうした法的義務はないものの，NHK受信エリアに対応する形で中継局を配し，日本においては免許地域における『あまねく放送』をおおよそ実現している実体がある」（鈴木・山田・砂川編著 2009：135）とされており，恐らく基幹放送事業者に求められていることは，一定の品質が保証されたコンテンツを，地域全

域に安定的に同時に届けることであろう。

　従来の放送制度が「電波を利用した放送」を前提にしているのは，不特定多数に情報を同時かつ確実に送ることができたからである。インターネットのサービスにおいては，アクセスが殺到してサーバに障害が起きることがある。堅牢といわれる電話のネットワークも，大災害の時など通話が殺到すると輻輳を起こしてつながらなくなることがある。しかし，電波を利用した放送については，受信者がどれだけ増えても原理的にこのような脆弱性がない。

　このような特性は，現在のところ地上波放送という伝送路の特性に負うところが大きい。しかし，本質的にはどのような伝送路を使っても達成できるものである。将来的には，電波以外の伝送手段でも，確実に送り届けることができるようになってくることは間違いがない。実現までには，さまざまな障害があり，いつまでにどのくらいの範囲でブロードバンドが普及するのかは，予測が難しい面があるのは間違いがない。しかし，将来の技術的方向として，伝送路の選択肢が大きく広がることは避けられない。

　電気通信に関しては「基礎的電気通信役務（国民生活に不可欠であるためあまねく日本全国における提供が確保されるべきものとして総務省令で定める電気通信役務）」に関して，NTT東西等に対して提供することが義務づけられており，これはいわゆるユニバーサルサービス義務を定めたものと考えられている[6]。現在のユニバーサルサービス制度は，いわゆる「電話」を対象とするものであるが，今後ネットワーク設備がIP化，光ファイバ化することを見越して，一定の条件を満たす光IP電話も対象としうる。さらに，ブロードバンドアクセスや携帯電話についてもユニバーサルサービスとすべきであるという意見もあり，今後の検討課題となっている（情報通信審議会 2010 : 27-31）。

　もし，基幹放送に求められるものが，放送を家庭まで送り届けるという機能であれば，その本質は伝送路の確保ということになる[7]。光ファイバやADSLといったブロードバンドがユニバーサルサービスになっていない現状では，多様な番組を広くあまねく配信するシステムは地上波放送以外にない。しかし，伝送路が多様化していることを考えれば近い将来，電気通信のユニバーサルサ

ービスの議論と近接する問題になる。なお，伝送路の多様化に伴い，放送を電波に頼らず，通信で送り届けることが可能になった場合，電波の届く範囲を区割りする地域免許制度を維持する必要性も，うすれる可能性がある。また，ケーブルテレビの区域外再送信の問題も，現在は電波で送り届ける場所とそうではない場所との区分だが，今後はメディア自身が，どのようなコンテンツをどのような範囲に送り届けるかを決めるという，メディアの品質管理の問題になっていくであろう。

　一方，放送の多様性や地域性の確保までも含めて独立したローカル局が成立することが必要であると考えるのであれば，これとは違った観点が必要になる。従来から，地上波放送局等による「基幹的放送」を制度上どのように位置づけるべきかについては議論があった（塩野宏 1989：368-369，舟田正之 2001：63等）。大多数の者が安心してみることができるメディアとして積極的に「基幹的な」メディアを維持しようとするのであれば，そのようなメディアには地域による多様性があることがより望ましいという考え方もあり得る。確かに，民主主義が有効に機能するためには，ある程度信頼できるメディアが存在する必要がある[8]。ただし，積極的に特定のメディアの有効性を後押しするという考え方は，表現の自由に積極的な規制を導入するものである。したがって，規制による表現行為への影響が強まる危険もあることには留意すべきである。放送の多様性を確保するために，ローカル局が維持されるような政策をとる場合でも，内容面でのコントロールが強化されないように線を引くことが当然必要である。

●注●
1）　画像を扱える初めての Web ブラウザである NCSA Mosaic が登場したのは1993年である。
2）　「電話の発信場所は，発信者がこれを秘匿したいと欲する場合があり得るから，右の第2項にいう『他人の秘密』に該当すべきものと解すべき」昭和38年12月9日内閣法制局一発第24号。「通信内容はもちろんであるが，通信の日時，場所，通信当事者の氏名，住所・居所，電話番号などの当事者の識別符合，通信回数等これらの事項を知られることによって通信の意味内容が推知されるような事項全てを含むものである」（多賀谷一照他編著（2008）『電気通信事業法逐条解説』電

気通信振興会,38頁)。
3） このようにメディアをレイヤーに分けて議論することは欧州でも行われてきた。欧州では,従来からメディアに関するレイヤー型の法体系を指向しているとされ,視聴覚メディアに関するルールを総合的に規定するために,伝送路を問わず社会的影響力に基づき規律する「オーディオビジュアル・メディア・サービス指令(Directive 2007/65/EC of the European Parliament and of the Council of 11 December 2007 amending Council Directive 89/552/EEC on the coordination of certain provisions laid down by law, regulation or administrative action in Member States concerning the pursuit of television broadcasting activities.)」が2007年12月に採択されている。この指令では,公衆向けの映像配信サービスを,従来型放送に代表されるリニアサービス(提供事業者が時間的なスケジュール編成を行う映像配信サービス)と,ビデオ・オン・デマンド等のノンリニアサービス(提供者が一覧を提示し,視聴者がその視聴時間を決定する映像配信サービス)に区分する。どちらのサービスについても,性別・人種等による差別増長の禁止,タバコ等広告規制等が義務づけられる。さらに,リニアサービスについては,重要イベントへのアクセス,欧州製番組比率規制,青少年の保護等について規律が課せられる。
4） 厳格な審査が必要とされている表現の自由制約立法が認められる根拠としては,従来は電波の有限希少性,特殊な社会的影響力をあげる考え方が有力であった。しかし,電波の有限希少性は多チャンネルの時代を迎えて説得力を失い,放送に特殊な社会的影響力があるという主張も,他のメディアと比較した場合にどのような違いがあるのかが十分に説明されないという批判がある。このような批判も踏まえて,自由なメディアが残されている限りにおいては,一部のメディアに対する規制によってメディア全体を向上させることが期待できるとする,いわゆる部分規制の法理も主張されている(小向 2011：82-84)。
5） 放送法に関する事案ではないが,政見放送に関する公職選挙法150条の2(他人の名誉を傷つけ善良な風俗を害する等政見放送としての品位を損なう言動を禁止する規定)に関して,「テレビジョン放送による政見放送が直接かつ即時に全国の視聴者に到達して強い影響力を有していることにかんがみそのような言動が放送されることによる弊害を防止する目的で政見放送の品位を損なう言動を禁止したものである」という認識を示している(最判平2.4.17)。
6） 日常生活に不可欠なサービスについてどこでも利用が可能な環境が整備されるべきだという考え方から,一定のサービスをユニバーサルサービスとして,その提供を義務づける場合に,そのサービスをユニバーサルサービスとよぶ(ユニバーサルサービスの基本的要件としては,「(1)国民生活に不可欠なサービスであるという特性(essentiality),(2)誰もが利用可能な料金で利用できるという特性(affordability),(3)地域間格差なくどこでも利用可能であるという特性(availabil-

ity)」があげられている（情報通信審議会「ブロードバンドサービスが全国に普及するまでの移行期におけるユニバーサルサービス制度の在り方答申」（2010年12月14日）10頁）。サービスの提供がなされてもあまりに料金が高いのでは問題があるが，サービス提供に高いコストを要する地域についても他の地域と同様の価格でのサービス提供を義務づけると，サービス料金がコスト割れになってしまうことも考えられる。そこで，ユニバーサルサービスの提供にかかる費用を，関連事業者による基金から拠出する制度も導入されている。
7） 放送の視聴者による受信確保という観点からは，米国にマスト・キャリーとよばれる制度がある。米国では，地上テレビ放送が届かないエリアが多く，ケーブルテレビの普及率が高い。ケーブルテレビ事業者に対しては，公共性のある番組を中心として，ローカル局の地上テレビ放送を再送信することが一定の範囲で義務付けられている（47 U.S.C. §614.）。
8） 価値観が多元化している現代社会では，ある程度社会の構成員が共有すべき基本情報が提供されていることが必要だとするキャス・サンスティーン教授の議論（サンスティーン2003：170）もこうした価値観に立つものと考えられるし，ユルゲン・ハバーマス（ハバーマス1987：407-411）やマーシャル・マクルーハン（マクルーハン1986：402）もメディアのこのような側面を指摘している。

引用・参考文献

小向太郎（2011）『情報法入門（第2版）デジタル・ネットワークの法律』NTT出版
総務省（2012）『平成24年版 情報通信白書』総務省
川濵昇・大橋弘・玉田康成編（2010）『モバイル産業論』東京大学出版会
総務省（2005）「ユビキタスネット社会を担うプラットフォームの展望 〜ICT産業の競争力強化に向けて〜」ユビキタスネット社会におけるプラットフォーム機能の成り方に関する研究会報告書
ATKERNEY（2010）"Internet Value Chain Economics"（http://www.atkearney.com/index.php/Publications/internet-value-chain-economics.html/）
日本民間放送連盟研究所（2010）『放送の将来像と法制度研究会 報告書』日本民間放送連盟
Jean-Charles Rochet, Jean Tirole（2003）"Platform Competition in Two-Sided Markets," *Journal of European Economic Association*, 1, pp.990-1029.
山﨑将太（2008）「【研究レポート】多面的市場の経済分析：展望」『InfoCom Review』第44号，pp.2-11
山田健太（2011）「放送概念の拡張に伴う放送法の変質」『法律時報』第83巻2号，pp.84-87
鈴木秀美・山田健太・砂川浩慶編著（2009）『放送法を読みとく』商事法務
情報通信審議会（2010）「ブロードバンドサービスが全国に普及するまでの移行期

におけるユニバーサルサービス制度の在り方答申」(2010年12月14日) pp.27-31
塩野宏 (1989)『放送法制の課題』有斐閣
舟田正之 (2001)「日本における放送制度改革」舟田正之・長谷部恭男編『放送制度の現代的展開』有斐閣
サンスティーン, C., 石川幸憲訳 (2003)『インターネットは民主主義の敵か』毎日新聞社
ハバーマス, J., 丸山高司ほか訳 (1987)『コミュニケイション的行為の理論 (下)』未来社
マクルーハン, M., 森常治訳 (1986)『グーテンベルグの銀河系:活字人間の形成』みすず書房

第4章
放送産業における市場と規制

春日　教測

I　はじめに

　テレビ放送の歴史を振り返ってみると，イギリス放送協会（British Broadcasting Corporation；BBC）がTV実験放送を開始したのが1929年，ドイツで世界初の定期試験放送が開始されたのが1935年で，翌年開催されたベルリンオリンピックの中継映像は，初期の資料映像として今でもたまに画面でみかけることがある。日本でも1939年にNHK放送技術研究所による公開実験が行われ，1953年からNHKによって地上波のテレビ放送が開始された[1]。

　テレビ放送は，音声に加え映像という多量の情報を瞬時に大衆に伝達できる特性から社会的影響力が非常に大きく，経済的側面・技術的側面のみならず文化的側面からもアプローチが必要となるような性質を有している。そのため制度自体もこれらの面から影響を受け，その国固有の歴史的経緯にも依存しながら実に多様な形態で発展してきた。例えば文化的側面からみると，欧州各国では放送を「公共サービス」と捉える傾向が強く，日本や韓国と同様に公共放送の市場シェアが高くなっている。またドイツでは，第二次世界大戦時にナチスが放送の濫用による混乱を招いたとの反省から，放送局に対する免許付与や番組基準・広告基準等の遵守に関する規制監督は原則州単位で行われるという，高度に分権的な制度が構築されている。また技術的側面からは，地上波放送用の帯域を十分確保できない，または広大な国土に効率よく配信できない等の理

由で，ケーブルテレビや衛星放送のシェアが高い国も多くみられる。

問題となるのは，文化的な要素は時間をかけてゆっくりと醸成され，しかも概ね国単位で完結し他国と異なる様式でも全く構わないのに対し，経済的・技術的要素は変化のスピードが速く，より効率的で優れた仕組みを採用するよう現行システムに対し圧力をもたらす点である。こうした観点からみると，先述のテレビが登場してから100年足らずという期間は，文化的側面から考えれば1つの仕組みが形成されるのにそれほど長い期間とはいえないが，経済的・技術的側面からは，同じシステムがほとんど形を変えず存続することの方がむしろレア・ケースだといえよう[2]。

以上のような問題意識に沿って，本章では放送を「産業」として捉え，経済的側面からその特徴と現在生じている種々の変化の圧力についてみていくこととしたい。類似の指摘は今までも行われてきたが，諸外国だけでなく日本においても，現実に目に見える形で制度的変化がまさに進展しつつあることを改めて指摘することが，本章の主要な目的である。

本章の構成は以下のとおりである。Ⅱでは，日本の放送産業で大きな位置を占める地上民放テレビの特徴と変化の方向性について概観する。実際のデータを用いた市場規模や産業構造の解説は別章に譲り，本章では主として他産業と比較した特徴について焦点を当ててみたい。Ⅲでは地上民放テレビに対して現行制度の変化を迫る外部からの圧力が近年高まっている状況を概観し，それに対応するため市場原理を採用することが求められている具体例として，ⅣではEUの競争政策と国家補助規制について，Ⅴでは周波数オークション制度の導入について説明する。最後にまとめを述べる。

Ⅱ　産業としての地上民放テレビ

まず現行の地上民放テレビについて，産業としての特徴をみておきたい。ここでは幾つかの「乖離（対応関係の不一致，または「ズレ」）」をキーワードにして，整理してみることにしよう[3]。

第一に，通常の産業では財・サービスの利用者が見返りとして事業者に対価を支払うのに対し，地上民放テレビの利用者と収入を支払う主体が異なっているという意味での「乖離」がみられる。地上民放テレビは広告市場と利用者市場という2つの市場に直面しながらサービスを提供しているが[4]，主要な収益は広告市場においてスポンサー企業が支払う広告料であり，番組の需要者である視聴者は直接対価を支払わない。代わりにスポンサー企業は，広告によって自社提供製品に関する情報を広く浸透させて消費者の購買意欲を刺激し，最終的には自社売上が増加することを期待している。すなわち放送局が媒介となって，放送サービスの需要者である視聴者と広告料の支払者であるスポンサー企業を間接的に結び付ける役割を担っている。

　さらにその広告収入の額を決定する根拠に関しても，以下の点で乖離がみられる。広告収入額を決定する広告効果の測定にあたっては，各放送局の努力によって変化する視聴率がとりわけ重視されることとなるが，この視聴率と広告収入との関係が必ずしも直接的な対応関係にない状況にある。

　最も直接的に単価を決定できると期待されるのは放送番組と連動するタイム広告であるが，この場合でも視聴率は実際に放送されるまで確定しないため，広告契約締結時に想定される事前の単価は必ずしも実際の広告効果を反映していない。また最近は，環境対策や文化・教養面を強調した番組提供により企業イメージの長期的向上を図る広告手法も多くみられるが，この場合も放送回ごとの短期的視聴率とは必ずしも連動しないことになる。さらに番組間のステーションブレークに提供されるスポット広告の場合，番組内容と広告価格との連関性はより希薄になり，むしろ広告が放送される時間帯や放送局自体の総合的な信頼性・好感度に応じて単価が決定されることとなる。加えて地上民放テレビには総合編成が義務付けられており，報道・ドキュメンタリーを中心とする社会派番組からバラエティ，スポーツ中継まで幅広いジャンルの番組を放送する必要性から，個々の番組単位で収支バランスをとる構造にもなっていない等，種々の乖離が存在する。

　第二に，放送サービスを提供するための重要な中間投入財である番組が，「規

模の経済性」を有することから発生する乖離があげられる。番組の制作には多くの初期投資が必要となる一方，いったん番組が制作されてしまえばできるだけ多くの世帯に視聴されるほど単位当たりコストが低下する。現在，形式的には（広域都市圏を除き）概ね都道府県を単位とした免許制により各社が独立して放送サービスを提供しているが，一方で，独立U局を除き5大ネットワークに加盟しながら取材や番組の制作および調達を相互に協力する体制が整っており，これは規模の経済性を有効に活用するための工夫であると考えることができる。仮に番組の「質」が投下資本量や労働投入量に比例するとすれば，各放送局が独立で制作した小規模番組は当該地域で他局が提供する番組との激しい競争に晒されることになるため，番組制作は1か所で集中的に行い，他社は当該番組の配信のみに特化した方が競争戦略から考えても合理的な行動だということができる。換言すれば，各局で放送される番組が必ずしも自社で制作されないということでもあり，その意味で「乖離」が生じる余地がある。

　第三に，政策的意図に沿って誘導された市場であることから生じる「乖離」が存在する。通常の自由市場とは異なり，対象市場における事業者数が「放送普及基本計画」に基づき政策的観点から決定されてきたため，市場規模の適正性から参入の可否を放送事業者が必ずしも自発的に決定した訳ではない。電力・航空・ガス・通信など他の公益性が高い事業でも，自然独占性の観点から政策的に参入企業数に制限が設けられてきた歴史があるが，放送産業の場合には対象サービスの多様性・多元性・地域性を確保する要請から，事業者数が最大6系統と相対的に多い点が特徴となっており，この点でも市場メカニズムとの間に乖離が存在するといえる。

　第四に，市場競争に対する事業者意識と，客観的に観察される市場状態との間にも「乖離」が生じる。これはむしろジレンマと呼ぶ方が適切な現象かもしれない。ここでは，いわゆる「差別化最小化原理」がもたらす理論的な帰結について説明しておこう。

　「差別化最小化原理」とは，放送局が視聴率の獲得や放送局自体の信頼性を高める必要がある状況下では，幅広い視聴者層に支持される番組を放送するこ

図表4-1　ホテリングの差別化最小化原理

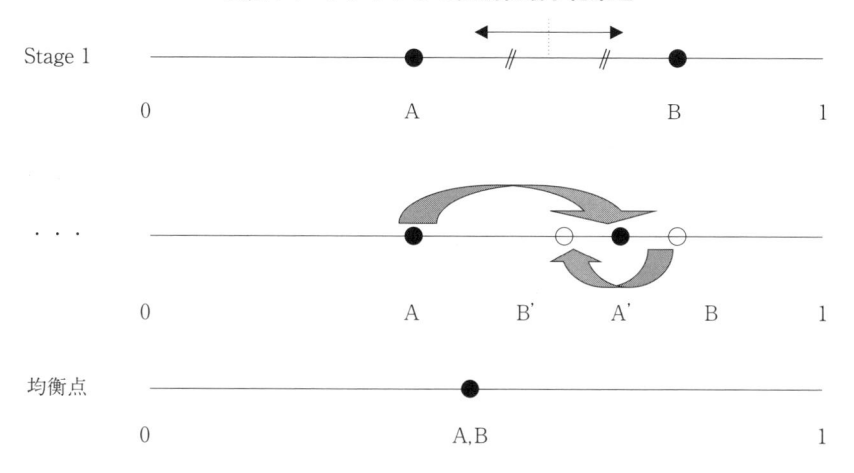

Stage 1
```
0        A         B        1
```

・・・
```
0        A    B'  A'   B    1
```

均衡点
```
0            A,B             1
```

とが戦略的に望ましく，結果的に放送局間の番組差別化がほとんど行われなくなる原理をいう。図表4-1の線分は番組の性質を表しており，0に近いほど番組内容の娯楽性が低く，1に近づくほど高くなると仮定しよう。いま放送局Ⅰが A，放送局ⅡがBの番組を放送中だとすると，区間ABの中点よりも左に位置する相対的に低い娯楽性を好む消費者は放送局Ⅰの番組Aを視聴し，右に位置する相対的に高い娯楽性を好む消費者は放送局Ⅱの番組Bを視聴する。ここで放送局Ⅰが，番組Bを所与としてより娯楽性の高い番組A'に変更すると，以前より多くの視聴者を獲得できる。同様に放送局Ⅱは，番組A'を所与としてより娯楽性の低い番組B'に変更すれば，今までA'を視聴していたB'より左側の消費者はすべてB'を視聴するようになるため，より多くの視聴者を獲得できる。このような「合理的な」変更を繰り返していくと，最終的に両放送局の番組はともに1/2地点に落ち着き，番組の差別化が行われないこととなる。こうした特性により，事業者相互間では激しい競争が繰り広げられていた場合でも，客観的に観察される市場はほぼ状態が変化せず，一見安定的な市場と捉えられてしまうという「乖離」が生じることとなる[5]。

以上のような市場構造は，地上民放テレビの普及とともに時間をかけて工夫・

形成されてきたものであり，大きな1つの「システム」として捉えれば，部分的な乖離を修正することで全体としてうまく機能してきたと考えられる。ただしそれはシステムが自己完結している場合に限られ，部分的にでも解放圧力が高まると，微修正では済まずシステム自体が崩壊の危機に直面するという脆さも同時に秘めているといえる。

Ⅲ　現行システムに対する外部圧力

　このような閉じたシステムに対し，まさに現在，外部からの開放圧力が大きく高まっている状況にある。それは，地上民放テレビを取り巻くこの種の「乖離」が，一層拡大する形で具現化してきている。

　第一に，放送市場内だけに限定しても，受信料に依存するNHKや，利用者料金と主とし広告収入を従とする財源に依存するケーブルテレビや，BS・CS等の衛星放送といった有料放送が存在する。これらメディアは広告市場における地上民放テレビとの重複は少なく，マスメディア集中排除原則等の規制も一部異なるが[6]，利用者からすれば同じ放送のカテゴリーに入るため，視聴時間を相互に奪い合う点では完全に競合する。すなわち，競争事業者との間に必ずしも同一の条件が整っていないという意味での「乖離」が存在する[7]。特に近年，視聴嗜好の多様化やコンテンツの充実等に伴い有料放送市場シェアの伸びは著しく[8]，こうした「乖離」が無視できなくなってきている。

　なお有料放送のように，視聴者から徴収する料金を主財源とする場合，前節でみた「差別化最小化原理」のメカニズムは働かず，視聴率が低くても採算がとれる（換言すれば，視聴者数は少なくても各々が一定程度の高い料金を支払う）限り極端な番組でも放送可能で，むしろ質的な差を最大化する傾向があるため，地上民放テレビと補完的な役割を果たすことが期待される。仮に歴史的経緯がなく，放送局が広告または利用者料金どちらに依存するかをゼロから決定できるとした場合，放送局は，広告に対する利用者の負の効用と広告効果，広告市場及び視聴者市場での競争の程度に依存して，収入源とその程度を選択

することとなる[9]。

　第二に，放送市場外からも，このような「乖離」を拡大させる圧力が増大している。視聴者の意思決定は，どの放送サービスを選択するかだけではなく，24時間という制約の中で放送サービスの費消にどれだけ時間を振り向けるかという形でも行われる。具体的には，たとえばNHKの『国民生活時間調査』[10]では，1日の行動を必需行動／拘束行動／自由行動に分類して時間配分を調査しているが，そのうちテレビの視聴時間は「自由行動」に含まれる。しかし「自由行動」の定義は「レジャー活動，マスメディア接触など人間性を維持向上させるために行う自由裁量の高い行動」であり，自由行動に分類されるレジャー活動やインターネット，スマートフォン，ゲーム等との時間配分競争にも晒されている点に留意が必要である。最新の2010年調査では，テレビの平均視聴時間は以前とほぼ不変であったものの世代間で顕著な差が生じつつあり[11]，着実な変化の兆しが観測されている。第一の点と合わせたこのような需要側と供給側との乖離は拡大傾向にあり，事業者の立場からすれば競争相手を明確に認識することが一層困難になっている。

　さらに蓄積型サービスの発達によって，リアルタイムとの乖離も加速している。元来テレビは，ニュース・スポーツ中継等のライブ性や速報性が生命線となる番組でこそ真価を発揮できるが，それは同時に広告収入依存型のビジネスモデルを支える基礎ともなっている。すなわち，現行の視聴率測定では原則リアルタイムでどのくらい視聴されているかを数量化することにより広告効果を測定しているが，そこには録画視聴やワンセグ，動画サイト等の視聴は含まれていないため，広告収入の他媒体への「漏れ」が発生することになる。このような蓄積型サービスは，視聴者のライフスタイルに合わせて自由に時間調整可能な点で潜在的需要は極めて大きく[12]，広告スキップも容易になることから，地上民放テレビの収益構造に深刻な影響を及ぼすことになる[13]。地上民放テレビとしては，予想される広告収入の減少分を蓄積型サービスの配信収入によっていかに補填できるかが焦点になると考えられるが，現時点では，視聴者が対価を支払ってまで蓄積型サービスを利用する環境が未だ熟しているとはいえ

図表4-2　産業のライフサイクル

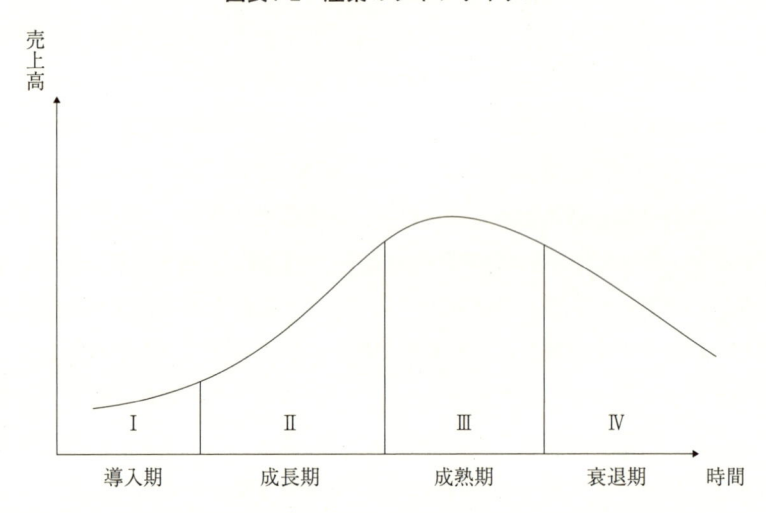

| I | II | III | IV |
| 導入期 | 成長期 | 成熟期 | 衰退期 |

（縦軸：売上高、横軸：時間）

ず[14]，ビジネスモデル転換のスピードは遅れている状況である[15]。

　産業は本来動態的なものであり，テレビの実験放送から100年弱，日本でもテレビ放送開始から60年弱経過している現在，以上のような変化はある意味必然的な動きともいえる。一般に製品や産業にはライフサイクルがあり，4期に分類して特徴が異なると説明される。図表4-2において，製品の(I)導入期は時間をかけて緩やかに浸透していくのに対し，(II)成長期には爆発的に売上高が伸び，業界全体で安定的だが成長が鈍化した業界のシェアを奪い合う(III)成熟期を経た後，(IV)衰退期を迎えるとされる。この成熟期から衰退期にかけて産業内でとられる主な戦略としては，業界から撤退するという戦略の他に，イノベーションを起こして市場自体をもう一度拡大する，まだ拡大余地のあるニッチ市場に目を向けるようポジションを変更する，M&Aや他社提携という形で積極的に業界再編を行う，等があげられる。

　放送産業単独ではなく「メディア」という括りで捉えてみれば，新聞やラジオ，映画のような産業は，それぞれテレビ産業より先にライフサイクルを一通り経験している。また現在の放送産業は成熟期から衰退期を迎えつつあり，1

つの番組(もしくはコンテンツ)を地上波や映画館,DVD,有料放送等の複数メディアで時間差を設けてマルチユースする仕組みが進展しているが,これは上述の他社提携に相当する対策だといえよう。各メディアが相互に独立ならば競争相手にしかならないが,各メディア間の統合または連携を図ることで,異なる支払意思を有する利用者からの収益を最大化することも可能となる。近年見られる「制作委員会方式」という複数事業者のコンテンツ共同制作は,マルチユースを円滑かつ効率的に実施するための手段の一つであり,メディア事業者間の緩やかな統合を示すものと考えられる。米国のメディアコングロマリットと呼ばれる複数メディアによる垂直統合型事業体も,同様の背景から形成されたものである。

　このようなメディア種類の増加と利用者による情報へのアクセス手段の多様化は,国家による検閲や情報統制を過去に比べ相当困難にしており,表現の自由を中心とする言論政策の観点から考えれば望ましい部分が多いかもしれない[16]。ここでは特に競争政策の観点から,多様性の問題について触れておきたい。

　前節でみた差別化最小化原理により,広告収入に依存する放送局数が増加しても,必ずしも番組の多様化が達成できるとは限らない。むしろ事業者が1つであっても2チャンネル供給していれば,視聴者の競合を避けるインセンティブが働くため,多様性をより確保できる可能性がある。また収入源にも影響を受け,広告収入に依存する地上民放テレビの場合,顧客である広告主の意向に番組内容が影響を受ける可能性を排除できない。多様性の確保は,公共放送や有料放送といった異なる収入源に依存するメディアが多数存在することによって達成されるのであり,その意味でも多様なメディアが存在し利用者が選択できる環境を確立することは非常に重要な課題であると考えられる。

　いずれにしても,こうした変化の圧力は日本に限らず世界的に観測されており,各国政府も対応を迫られてきた。異種サービスの共存を制度上どう図るかという観点から考えれば,市場原理の採用が最もわかりやすく透明性が高いといえるが,現存するメディア特有の規制との調和をどう図るかが大きな争点と

なろう。次節では，市場原理との関係で公共放送をどう扱うのかについて考察する。

IV 公共放送と国家補助規制

「公共放送とは何か」を定義することは，実はそれほど容易ではない。辞書的には，たとえば「公共企業体による放送。主に受信料によって経営されるのが普通」(『広辞苑 第六版』) と説明されるが，国民の共有財産たる電波利用の免許を交付されている点で地上民放テレビも広義の公共性があるともいえる。また財源にしても，日本やイギリスのように受信料のみのケースもあれば，一部広告収入にも依存するケース (韓国，ドイツ等)，政府交付金を主財源として広告料にも依存するケース (スペイン等)，一部寄付金等にも依存するケース (アメリカ，カナダ等) があり，一様ではない。またNHKではさらに「営利を目的とせず」との文言を用い，商業放送との差異を説明している[17]。

こうした公企業が私企業と共存する市場は混合市場とよばれ，その中でもさらに市場に存在する企業数が少なく，一定の市場支配力をもっている場合には混合寡占 (Mixed Oligopoly) とよばれる。厚生経済学の観点から考えると，原則として多数の私企業による自由競争が望ましいが，混合寡占の場合にはそうとは限らない場合がある。ここでは初期の代表的論文である De Fraja and Delbono (1989) をとりあげ，本節との関連で必要となる主要な成果について，簡単に説明しておこう。

今，利潤最大化を目的とする私企業n社と，社会的厚生の最大化を目的とする政府全額出資の公企業1社が存在する寡占市場を考える[18]。ここで公企業が100％民営化され，利潤最大化を目的として行動するよう改革が行われたと想定すると，社会厚生の変化は市場に存在する私企業数に依存する。この時，民間企業数が少ない場合には混合寡占の場合の社会厚生が大きく，民営化によってかえって社会厚生が悪化してしまう，という事態が起きる。これは，混合市場において公企業は私企業に比べて消費者余剰をより重視した生産量決定を

行うため，相対的に多く生産を行うインセンティブをもち，寡占市場の弊害である過少生産が回避されるためであり，この結果を根拠として公企業の存在を正当化する議論が行われることがある。この論文が発表された当時，日本では政策金融機関の役割が検討されており，「カウベル効果」などとともに盛んにとりあげられたこともある。

　もちろんこのモデル分析の結果を放送市場に適用できるかどうかは，慎重に検討する必要がある。放送市場における「生産量」とは何か明確ではないし，先述のように商業放送の目的が利潤最大化であるといい切れるかどうかも定かではない。さらに私企業数が多い場合には，生産者余剰の増大効果が消費者余剰の減少効果を凌駕するようになり[19]，公企業の民営化が社会厚生の改善をもたらすとの結論が導かれるが，現在放送サービスを提供していない事業者も技術的には参入可能な状況にあり，今後はより通常の市場に近づいていく可能性が高いと考えられる。いずれにしても，公企業の存在が望ましいか否かは前提条件に大きく依存することになる[20]。

　現実には，歴史的経緯もあって日本や韓国，欧州各国では公共放送の比率が高い状況にある。しかし近年，特に欧州では市場原理の採用圧力が高まりつつあり，経済統合の時期とも相俟って長期間に渡って検討が行われてきているため，この経過について概観しておこう。

　欧州連合（EU）では，1989年の放送に関する初めてのEU法「国境なきテレビ指令」[21]以降，文化的側面よりも経済的側面を重視した規制が行われてきた。2002年3月には，加盟国の通信・放送についてより透明性のある統一的アプローチで規制することを目的とし，「電子通信ネットワークとサービスに関する指令」[22]を採択し，通信分野の新たな規制枠組みを提示した。特徴としては，第一に放送と電気通信を融合する新たな概念として「電子通信（Electronic Communications）」という用語を使用したこと，第二に競争法に依拠した事業者規制が導入された点があげられる[23]。

　EUの競争法はそれ自体独立した法体系をもっている訳ではなく，主としてリスボン条約[24]（2009年12月発効）内の「EUの機能に関する条約」（以下「EU

機能条約」という）101条，102条および理事会規則（2004年139号）に基づいている。ここで101条はカルテル規制，102条は市場支配的地位による濫用の規制，理事会規則は合併規制に関する規定が盛り込まれており，現在では，放送分野といえども原則この競争法に基づいて審理されることとなっている。ただしEC合併ガイドライン21条3項では，「国防」「金融機関の健全性の維持確保」と並んで「メディアの多元性」が例外として各国との共管事項となっており，この点で制限が加えられる可能性がある。

　さらにEU競争法には，これらに加えて「国家援助規制（State Aid Control）」（107～109条）が含まれており，米国や日本の競争法と比べて大きな特徴となっている[25]。国家援助とは，政府が加盟国産業に対して，直接的または間接的に公益上必要とみなされる場合に交付する金銭的な給付や税金・利子の優遇措置等をいう。経済統合を目指すEUにおいては共同市場の競争を歪める可能性があるため，競争政策上問題があるとされ国家援助は原則禁止されることとなったが，一方でEUの諸政策の目標に貢献すると判断される場合には適用を免除されることとなっており，現在は，市場メカニズムが働きにくい産業部門に限定して国家援助を容認している[26]。

　公共放送についても，依存している受信許可料や税金，受信料等の公的財源について，EU委員会はこれらを総じて国家援助にあたるものとみなしており，原則禁止されている（EU機能条約第107条第1項）。ただし例外として許される国家援助もあると定めており（同第106条第2項），公共放送の財源は市場だけでは供給できない公益サービスとして認定され[27]，国家援助規制の適用から外すことを認めている。実はそれ以前の欧州憲法条約批准をめぐる混乱もあり，リスボン条約では「自由かつ公正な競争の維持」が第3条から付属議定書に移管され，「社会経済市場」「経済秩序に基づく経済的自由の確保」という文言を新たに規定している。これについて和田（2011）は，公益事業サービスについて加盟各国の権限を尊重する措置となっており，競争政策に一定のブレーキをかけるものであることを指摘している。

　それ以前にも公共放送については，前段となるアムステルダム条約（1999年

発効）時から EU 法での特別な位置を認めた条文（付属議定書第32番）が存在し，公共放送の任務範囲と財源のしくみを決定する権限が各加盟国にあるとされていた。ただし一方でそれは「競争に影響を与えることがない場合」に限定され，競争に影響を与えているか否かの判断権限は EU 委員会にあるともされている。その基準は EU 委員会の通達[28]に記されており，公共放送事業者によって開始される「大きな影響を与える新サービス」に関する事前評価（市場影響と公共的価値の比較考量）実施を始めとする幾つかの基準[29]を満たした場合にのみ，国家補助規制適用外として認められることとなっている。

　このように公共放送については，市場原理を重視しつつも種々の例外規定が設けられており，改正の度に EU 委員会と加盟各国間の綱引きが行われてきているが，各国もこの委員会通達を踏まえ，公共放送が市場に与える影響について対策をとる必要に迫られてきている。たとえばドイツでは，2002年以降商業放送をはじめとするメディア各社が公共放送のサービス拡大を条約違反として EU 委員会に申し立ててきた結果，州間協定の第12次改正（2009年6月発効）より三段階テスト（Drei Stufen Test）が導入された[30]。これは公共放送が新たに開始するサービスの社会的必要性，市場への影響，予算規模の3点について，市場へ必要以上の悪影響を与えないよう審査するものである。ただし審査は，編集の独立性保護に鑑み公共放送内部に設置された機関が実施しているため，公正性確保の観点から問題も多く残されている。

　また，この通達が参考にしたのは BBC の「公共的価値のテスト（Public Value Test）」だとされるが，BBC を擁するイギリスでも，サッチャー政権下の「1990年放送法」以降，競争と選択の要素が制度的にも大幅に取り入れられ，BBC の財源として有料放送契約方式を段階的に導入していくこととされた[31]。しかしサッチャーが同年の保守党党首選挙に敗れて以降，BBC に対する世論の民営化要求は次第に下降線をたどり，後継のメージャー政権では「イギリスの中心的公共サービス放送機関」として現状維持肯定の立場がとられることとなった。その後も BBC は政府と良好な関係を保っていたが，第8次特許状に関する議論（2003年12月～2006年3月）の中では，BBC の受信許可料財源につ

いて広告放送や有料放送と比べ相対的に望ましい選択肢（least worst option）と消極的に評価され，財源は2016年まで受信許可料であるという方針を堅持しながらも，技術やメディア環境の変化を勘案し完全デジタル移行を達成する2012年頃に見直しを行うこととされた[32]。直近でも，2016年までの受信許可料据え置きや国際放送2チャンネル分の政府交付金廃止など，2013～16年までの4年間で財政上16％の効率化を行うことが求められることとなっており，「より小さなBBC」への変化を求められている。一方で，受信許可料が初めてBBCの番組やサービス以外の目的に使用されることともなっており[33]，公共放送を支える財源がどうあるべきかという課題は以前にも増して大きくなってきているようである。

　日本の放送市場におけるNHKのシェアは約17.4％（2009年度）であり，無視できない存在となっている。今回の放送法改正では大きな議論とはならなかったが，アメリカやカナダのようにそもそも公共放送の存在自体が小さく市場競争が原則となっている国も多いことから[34]，欧州での検討状況を参考に，市場化と公共放送に対する方向性を検討していくことの重要性は，我が国においても高まっているといえる。

V　周波数分配

　Ⅲで需要側における競争圧力が高まっている状況を説明したが，供給側における地上民放テレビの放送波伝送のための電波確保についても，同様に競争圧力が高まりつつある。テレビ番組を視聴者へ送り届けるために放送用の電波が用いられているが，この電波は有限な国民の共有財産であり，利用しやすい帯域は混雑していることから，近い将来予想される需要の急拡大に備えた周波数の確保と再編成が必要不可欠な状況となっている。総務省ではこのような状況を踏まえ，2010年11月に周波数再編アクションプランや周波数確保の基本方針を公表した[35]。放送に関係する部分としては，諸外国における周波数の割当状況との整合性を図る観点から，地上デジタル放送への完全移行に伴い空き周波

図表4-3 オークションの長所・短所と課題

長 所	・事務作業が迅速で，技術進歩のスピードに対応可 ・選定過程が透明で客観的評価が可能 ・より経済価値の高い企業が落札することで効率性を確保 ・国庫収入の増加
短 所	・落札企業の倒産／営業停止 ①将来収益の不確実性が一因 ②有限責任（収益0が下限）によるインセンティブの歪み
課 題	・デザインをどう設計するか ①デザインの仕方によってパフォーマンスが異なる 　免許の区分，入札資格，転売の可否をどう設計？ ②何を目的にするかでも望ましいデザインが変わる ③日本の現状に合わせたデザイン設計の必要性

出典：安田（2011）に基づき作成

数帯となる，携帯電話向けの700MHz帯および900MHz帯における周波数の再編という目標が設定されている。

2011年7月24日，震災の影響を受けた東北3県を除いて地上放送の完全デジタル化が行われたが，これにより，現在利用されているアナログ／デジタル用の帯域（370MHz）が240MHzへ約35％圧縮されたため，新たな無線サービスのために有効利用できることとなった[36]。同時に，事業者への周波数割り当てについては，従前は比較審査という手法に基づき総務省が行っていたが，新たな周波数の効率的配分の手法としてオークション制度を導入する必要性が提唱されるようになった。

周波数オークション制度とは，電波の特定の周波数に係る免許人の選定に関し，国が競売を実施し，最高価格を入札した者を有資格者とする制度をいう。オークション制度を採用することの主な長所は図表4-3のとおりであり，幾つかの短所や課題も残るが，OECD加盟国をはじめ多くの国において種々の手法や条件の下で導入されている状況にある。このため日本においても，総務省の「周波数オークションに関する懇談会」において2011年3月より検討が開始され，同年12月には報告書が公表された。その結果，2012年1月にITUで国際標準化がなされ2015年に実用化が想定される第4世代移動通信システムに用いる周波数から，日本においてもオークションが導入されることとなった[37]。

ここで問題となるのは，放送用の周波数帯にもオークション制度を適用すべきか，という点である。懇談会の意見募集の過程では，通信事業者を中心に，周波数利用者として一様にゼロベースで検討範囲に含めるべきで，欧米においては商業放送の新規参入がオークションにより決定されている事実もあるとの意見が寄せられた。一方，NHKや民放各局および民放連等からは，放送の公共性や社会的役割を根拠に，オークション制度を放送に適用すべきではないとの意見が提出された。この点について，先行する米国の事例を1つとりあげて確認しておこう。

　米国では2009年6月12日に地上放送のデジタル化が完了したが[38]，それに先

図表4-4　米国の700MHz帯オークション

➢期間：2008年1月24日から3月18日
➢参加者数：214（ベライゾン・ワイヤレス，AT&T，グーグル等）
➢対象周波数等の状況

ブロック	周波数 （周波数幅）	免許数 （エリア数）	最低落札価格	落札免許数	落札額
A	698～704MHz 及び 728～734MHz（6MHz×2）	176	約18億ドル	174	約39億ドル
B	704～710MHz 及び 734～740MHz（6MHz×2）	734	約14億ドル	728	約91億ドル
C	746～757MHz 及び 776～787MHz（11MHz×2）	12	約46億ドル	12	約47億ドル
D	758～763MHz 及び 788～793MHz（5MHz×2）	1	約13億ドル	0	0ドル
E	722～728MHz（6MHz）	176	約9億ドル	176	約13億ドル
合計		1099	約100億ドル	1090	約190億ドル （約1兆8400億円）

※為替レートはオークション終了時のものを使用。

➢Cブロックに設けられた条件：オープン・プラットフォーム
　・合理的なネットワーク管理の条件に従う限り，利用者が自ら選択した端末やアプリケーションを利用可能とすること。

➢Dブロックに設けられた条件：公共安全・民間パートナーシップ
　・警察・消防等の公共安全ユーザーと民間ユーザーに共用される無線ブロードバンドネットワークを構築すること。
　・非常時においては，公共安全業務に優先的に利用させること。

➢免許期間：10年（放送を行う場合は8年）
出典：総務省「周波数オークションに関する懇談会」第1回資料1-3（2011.3.2）より抜粋

立つ2008年の1～3月，FCCは周波数の空きスペースを見越してオークションを実施した。複雑な仕組みのため概略だけにとどめるが，図表4-4のように対象周波数帯をA～Eの5ブロックに分け，C，Dにはそれぞれ個別の義務が課されている。A～Eはすべて同時にオークションにかけられ，どの免許に対しても新規入札が行われなくなるまで入札を実施，終了時にはそのラウンドの最高入札額が公表される。これを複数ラウンド繰り返すことにより，価格は徐々に上昇していき，入札者はその情報から自分の評価額や競争相手の評価額，オークション後の産業構造の予測等を随時改訂し，入札額に反映していくという方式になっており，入札者の真の選好が当初から表明されるよう促されている[39]。

　落札した事業者は，当該周波数帯を利用して種々のサービスを提供することができる。それが通信であっても放送であっても構わないという意味では，確かに放送用の周波数もオークション対象になっているといえる。しかし米国においても，アナログテレビ放送免許に代えて既存の地上波放送免許事業者に与えられるデジタルテレビ放送の初回免許は，オークションの対象外であると規定されている（米国通信法第309条(j)(2)）。このオークションの放送サービスへの適用については，共和党のJohn McCain議員を中心とする推進派と反対派の放送事業者との間で1997年頃から激しい論争が展開されたが，現状では放送事業者の意見が通った形となっている。

　日本においても，先の懇談会報告書では，周波数オークションの対象は「<u>新たな周波数が割り当てられる際に</u>（下線は筆者）競争的な申請が見込まれるものとし，当面は電気通信事業用の移動通信システムを対象とすることが適当である」とされ，デジタル化後の現在利用している放送サービス用周波数帯を再免許する際の適用については，事実上見送られることとなった。これに関しては，無線局免許等に関する外資規制の事例も参考になるだろう。日本では，放送事業者が言論・報道機関としての性格を有し，その社会的影響力が大きいことから，無線局免許・業務の認定に関して外資規制を実施している（図表4-5）。類似の規定は，米国（通信法第310条(a)(b)），韓国（放送法第14条），英国（2006年

図表4-5　我が国放送分野における主な外資規制

地上基幹放送 (放送局免許，業務の認定とも)	外国人は不可	直接・間接を問わず，議決権保有を1/5未満に制限	外国人が業務執行役員である法人・団体は不可	電波法 §5Ⅳ 放送法 §93Ⅰ⑥
衛星基幹放送 (人工衛星局免許) 移動受信用地上基幹放送 (放送局免許)	外国人は不可	直接の議決権保有を1/3未満に制限	外国人が代表者である法人・団体，役員の1/3以上を占める法人・団体は不可	電波法 §5Ⅰ
衛星基幹放送 (業務の認定) 移動受信用地上基幹放送 (業務の認定)	外国人は不可	直接の議決権保有を1/5未満に制限	外国人が業務執行役員である法人・団体は不可	放送法 §93Ⅰ⑥
認定放送持株会社	外国の法人は不可	直接・間接を問わず，議決権保有を1/5未満に制限	外国人（下記③を除く。）が業務執行役員である株式会社は不可	放送法 §159Ⅱ⑤

※資料中「外国人」とは，①日本国籍を有しない人，②外国政府又はその代表者，③外国の法人又は団体を指す。
出典：総務省「周波数オークションに関する懇談会」報告書（2011.12.20）参考資料10頁より一部抜粋

無線電信法別表1），フランス（郵便電子通信法典第L42-1条）等，諸外国にもみられ，現状では純粋な市場サービスとは一線を画した規定となっている。

ただしYouTubeやニコニコ動画，ツイッター等の新サービスの利用者も急激に増加しており，各国における現在の放送の位置づけが今後もどの程度持続するかは定かではないため，オークション導入に備えた体力強化と別の伝送手段の確保を多面的に検討する努力は，絶えず行っておいた方が良いと思われる。特に，放送以外の無線サービスを提供する事業者との合併や提携が進むと，競争政策上，放送を独立して区分することが困難になることも考えられる。

例えば過去には，2000年1月に米国で発生した，インターネット・サービス・プロバイダ（ISP）で全米1位のAOLが，全米2位のケーブル会社タイム・ワーナーを合併したケースがある[40]。消費者がインターネットを利用するには，ケーブル回線を使うか電話回線でDSLを使うか2つの選択肢があるが，ケーブル回線利用者はISPを選ぶことができないのに対し，電話会社には希望するISPへの接続義務が課されているという状況で，サービス区分の相違による非対称な規制が問題となった。即ちAOLは，自由に希望電話会社へ接続で

きるのに対し，タイム・ワーナーへ接続を希望するISPに対しては拒否または高額の料金を請求する等の可能性があると考えられた。この時連邦取引委員会は，DSLシステム内の競争だけでなく，ケーブルとDSLという異なるシステム間競争が重要であるとし，垂直統合企業の競合企業に対する「費用引き上げ効果」を未然に防ぐため幾つかの救済策を設定している。

放送の場合も，このような垂直統合が行われ融合サービスが提供され始めた場合に，他無線サービスと同様オークションを利用した市場ベースの取引を求められるようになる可能性もある。いずれにせよ，今回のデジタル化によって地上民放テレビ全体が利用している電波の帯域も小さくなっていることから，「公共性」を理由に束縛される程度が下がったとの積極的評価を行い，競争に晒された場合でもコンテンツで生き残っていけるような努力を行っていくことが肝要であろう。

VI おわりに

本章では，放送市場の特徴と変化に対する圧力，それに対応するため市場原理の採用が求められている実際の状況を，国家補助規制と周波数オークション制度を事例としてとりあげ概観してきた。最後に今般の新放送法について簡単に触れておきたい。

約60年ぶりに通信・放送の法体系を大幅に見直すこととなる放送法等の改正案は，2010年12月3日に公布され，2011年6月30日より完全実施された。「通信・放送の総合的な法体系に関する研究会（2006年8月～）」から数えると約5年弱にわたる月日を経て実施されたことになる。法案では放送関連4法を新たな放送法1本に統合することで縦割りの規制を解消し，コンテンツ規律を一本化した。ただし当初予定されていた通信・放送に関連する法律の一本化は見送られることとなった。

法律内容の詳細や評価は別章に譲るが，今回の検討過程では，経団連をはじめとして産業論的視点からの意見書が幾つか提出された点で，最近の欧米の市

場化の流れが強く反映されているといえる[41]。地上民放テレビを含む「放送メディア」全体の収入は約4兆円で，NTT グループと比較しても1/3程度の市場規模しかないが，規模に対する社会的影響力の大きさは依然として大きく，自らは主に手段として機能し流すべきコンテンツをほとんどもたないインターネットと比べ圧倒的なアドバンテージを有しているため，このような産業論的視点からの議論はむしろ歓迎すべきことのように筆者には感じられる。ただ，本章でみたように，放送サービスが社会的に大きな影響力をもつ状況が当分の間残存することも厳然たる事実であり，産業的視点だけでは捉えられない伝統的な放送の責務を規定する制度についても，過渡的措置であったとしても十分慎重に配慮すべきであろう。近年 BPO に寄せられる意見をみても，放送サービスに対する視聴者の期待は依然として大きい状況だと筆者には感じられる。要は，「放送」というサービスに今後期待する役割は何かを十分吟味することが肝要であり，現状からソフトランディングできるような制度を設計していくことが大切になってくるものと考えられる。

●注●

1) NHK 放送文化研究所編 (2011)
2) 技術的な変化としては，白黒テレビから始まり，カラーテレビ，音声多重放送，ビデオの登場，衛星多チャンネル化，ハイビジョン，液晶・薄型・大画面テレビの登場等があげられる。
3) 本節での議論の一部は春日 (2010) に基づいており，本章の論旨に沿うよう加筆修正している。より経済学的な特徴と学術論文のサーベイについては，宍倉・春日 (2009) を参照のこと。
4) 雑誌や新聞，有料放送等メディア事業者の多くは基本的に二面市場に直面しており，両市場から収入を得ている。一方地上民放テレビでは，利用者から直接料金を徴収していない点が異なっている。
5) このような原理は，他にも政党が掲げる政策等にも当てはまる。すなわち，極端に偏向した政策は一部支持者を強く惹き付けるものの，より万人に受容される中庸な政策を指向した政党の方が多くの票を獲得できることになる。
6) 改正放送法では，マスメディア集中排除原則の対象は「基幹放送」に限定され，一般放送に分類された「有線テレビジョン放送（ケーブルテレビ）」「一般衛星放送（110度 CS デジタルを除く CS 放送）」は対象外となり，従来の規制が外された。

7) こうした「乖離」には他に，NHK の有料配信サービスやケーブルテレビの区域外再放送（以前の用語では「再送信」）問題などがあげられる。
8) 有料放送の市場シェアは，平成11年度が約11.0％（衛星4.6％，ケーブル6.4％，市場規模3兆5,124億円），平成21年度が約23.5％（衛星10.1％，ケーブル13.4％，市場規模3兆8,253億円）と，ここ10年の間に2倍以上の伸びを示しており，ほぼシェアが変わらなかったNHK（平成11年度18.4％，平成21年度17.4％）を凌駕している。
9) Kind et al.（2005）は，市場が複占状態にある場合，サービスが代替的（＝競争的）であるほど，放送局は利用者からの収入よりも広告収入に依存することを理論モデルを用いて指摘している。
10) NHK が1960年から5年ごとに実施している調査で，サンプル規模が大きく（2010年調査の対象は10歳以上の国民1万2,600人で，有効回答数は7,718人（61.3％の回収率）），長期的な生活時間の変化に関する貴重なデータとなっている。
11) 諸藤・渡辺（2011）は，2010年調査におけるテレビの平均視聴時間は3時間27分（平日）で依然として長いが，内訳をみると，男40代以下および女10代では2時間30分未満なのに対し，男女70歳以上では5時間超となっており，年層による視聴時間差が拡大している状況を報告している。
12) ただしビデオ視聴が大きく増加したのはここ5年（2005～10）のことであり，タイムシフト視聴が浸透しているものの1日の行為者率は高くないという指摘もある（諸藤・渡辺（2011））。ビデオは多くの人にとって毎日視聴するメディアではなく，「専念」視聴が多く（全視聴時間の7割程度）時間の余裕のあるときを選んで視聴するメディアである点で，「ながら視聴」が多いテレビとは異なる利用がされている点には留意しておく必要があろう。
13) インターネット広告費がマスコミ4媒体の一つに分類されるラジオ広告費を逆転したのが2004年度，雑誌広告費を抜いたのが2006年度で，その後の伸びも著しいものがある。
14) 最近でも，2009年度より開始されたインターネット有料配信「NHK オンデマンド」が，当初見込み23億円の半分以下の収入しか得られなかったが（朝日新聞2009.11.28），これは携帯電話の有料コンテンツに若年層が比較的抵抗感なく支払いを行う状況と対照的となっている。
15) この点，4大メディアに分類されてきた新聞や雑誌は利用者から直接対価を得る仕組みを当初より有しており，需要者の予算制約がある中で利用料を徴収する競争に新たに参入する必要がある地上民放テレビの方が，実は問題は深刻であるとも考えられる。
16) もちろんインターネット上の違法・有害情報へのアクセス対策や個人情報保護など，新たな別の問題が次々に生じているため，事態はそう単純ではない。
17) NHK ホームページ「公共放送とは何か」（http://www.nhk.or.jp/faq-corner/

01nhk/01/01-01-02.htm）より。
18) 各企業は同質財を生産しており同一の生産技術をもつものとする。また企業の限界費用は逓増的で，各企業は他企業の産出量を所与とし利潤最大化するよう自己の産出量を決定するという，クールノー競争を仮定している。
19) 混合市場の方が総生産量は多く価格は低いため，民営化によって消費者余剰は減少する。一方生産者余剰は，混合市場では公企業の生産量が多くなっており費用が高く価格も低いため，民営化によって生産者余剰は増大する。従って社会厚生の変化は両者の大小関係に依存するが，私企業数が多い場合には生産者余剰の増大効果の方が上回ることとなる。ただしこの場合も，消費者から生産者への余剰の移転が発生しており，分配の観点からみれば必ずしも望ましいとはいえない。
20) さらに完全民営化ではなく部分民営化まで選択肢に入れた場合にも，異なる結果が得られる。松村（2005）に，比較的緩やかな条件の下で部分民営化が最適になることを示したモデルについてのわかりやすい解説がある。
21) Directive 89/882/EEC. その後1997年に1度改正が行われた（Directive 97/36/EC）。
22) 「枠組み指令（2002/21/EC）」「認証指令（2002/20/EC）」「アクセス指令（2002/19/EC）」「ユニバーサル・サービス指令（2002/22/EC）」の4指令から構成され，「電子通信規制パッケージ（Telecom Package）」とよばれる。
23) その後これらを改正する形で「視聴覚メディアサービス指令」が2007年12月に採択され，適用範囲が視聴覚メディアサービス（Audiovisual Media Service）に拡大された。
24) 正式名称は「欧州連合条約および欧州共同体設立条約を改正するリスボン条約（Treaty of Lisbon amending the Treaty on European Union and the Treaty establishing the European Community）」という。
25) Harrison and Woods（2007）参照。
26) 事例として，交通（道路，鉄道，内陸水路，海上と航空運輸），漁業，農業，石炭，エネルギー等があげられる。
27) 条文中の文言は「一般的経済利益を有するサービス（Services of General Economic Interest）」である。
28) Communication from the Commission on the application of State aid rules to public service broadcasting（2009/C 257/01）. なお市川（2010）に日本語訳と解説がある。
29) その他，課金サービスを許容する条件の明確化，国内での過度の補償に関する効果的な統制と公共サービスの使命に関する監督の導入，公共放送事業者の資金調達に関する柔軟性の増加等があり，2009年にそれまでの通達を改正した際，この点に関する記述が大幅に増加した。

30) 杉内（2007）参照。なおドイツは放送の公共性や文化的責務を重視してきた国であるが，1980年中頃からのケーブルテレビ・衛星放送導入にともなうチャンネル数増大とメディア市場の商業化・国際化を背景に，欧州統合を大きな契機として，放送規制の争点が放送法から競争法に移行してきた経緯がある。
31) サッチャー政権下のBBC改革の経緯については，蓑葉（2003）が詳しい。
32) 中村（2008）参照。
33) 1つ目に，地上デジタル放送への完全移行のために高齢者や障害者がデジタルテレビを受信できるようにする支援策の資金に受信許可料を用いることとした。2つ目に，デジタル完全移行後に，受信許可料などの公的財源をBBC以外にも広く配分することを検討すると約束した。
34) アメリカにおける2008年度の公共放送収入は28億492万ドルだが，これは衛星放送1位のディレクTVグループの約13.01％，米国最大のMSO（Multiple System Operator）コムキャストの約8.27％に過ぎない。
35) 総務省では，2010年5月「グローバル時代におけるICT政策に関するタスクフォース」のもとに設置された「ワイヤレスブロードバンド実現のための周波数検討ワーキンググループ」において，ワイヤレスブロードバンド環境の実現に向けた周波数の確保について検討を行い，同年11月にその結果を取りまとめた。
36) 田代（2011）参照。
37) 本節で用いている語句の定義等は，本懇談会の報告書に多くを依拠している。
38) 山條（2011）参照。もともと米国では8割以上の世帯がケーブルテレビや衛星放送への加入者で，無料の地上放送のみの受信世帯が少数だったという背景がある。それでも政府は社会的弱者への配慮から，周知・啓蒙活動の徹底やデジアナ変換機器購入用のクーポン券配布，さらには停波の4ヵ月延期を行うなど，デジタル化完了までには紆余曲折があった。
39) Paul Milgrom, Robert Wilsonによって提案され，「同時複数ラウンド競り上げ式オークション」とよばれる。オークション後に競争的な市場が成立するよう，1つの企業が取得可能な免許数の上限設定，中小企業への優遇措置（免許枠の設定，落札金額の割引等）等，種々の細かな規定が設けられている。またこのケースでは，Cブロックのみ，パッケージ入札という別の方式が導入された。馬場（2011）を参照のこと。
40) 柳川・泉水（2003）参照。
41) たとえば，2008年2月19日付の提言『通信・放送融合時代における新たな情報通信法制のあり方』など。

引用・参考文献

市川芳治（2010）「公共サービス放送に対する国家補助ルールの適用に関するコミュニケーション（欧州委員会通達）の改正について（上）（中）（下）」『国際商事

法務』第38巻第2号,pp.179-187,同第3号,pp.372-378,同第4号,pp.504-510
春日教測(2010)「産業としての地上民放テレビ」日本民間放送連盟研究所編『放送の将来像と法制度研究会』pp.20-25
宍倉学・春日教測(2009)「放送市場の実証分析」林敏彦・根岸哲・依田高典編『情報通信の政策分析』第4章,NTT出版,pp.71-94
杉内有介(2007)「問われる公共放送の任務範囲とガバナンス―EUの競争政策とドイツ公共放送」『放送研究と調査』第57巻第10号,NHK放送文化研究所,pp.36-47
田代久美子(2011)「情報通信政策の動向」情報通信総合研究所編『情報通信アウトルック2012』NTT出版,pp.80-88
中村美子(2008)「デジタル時代の公共放送モデルとは―イギリスBBCの特許状更新議論を終えて」『NHK放送文化研究所年報』第52巻,pp.99-139
馬場弓子(2011)「4G周波数オークション導入に向けて」『Nextcom』Vol.7, Autumn, pp.4-15
松村敏弘(2005)「混合寡占市場の分析とゲーム理論」今井晴夫・岡田章編『ゲーム理論の応用』勁草書房,pp.53-79
蓑葉信弘(2003)「公共放送の危機」『BBC イギリス放送協会　第二版』第5章,東信堂,pp.99-118
諸藤絵美・渡辺洋子(2011)「生活時間調査からみたメディア利用の現状と変化」『放送研究と調査』第61巻第6号,NHK放送文化研究所,pp.48-57
安田洋祐(2011)「周波数オークションのデザイン」『周波数オークションに関する懇談会』第10回資料10-3
柳川隆・泉水文雄(2003)「垂直的統合」柳川隆・川濱昇(2003)『競争の戦略と政策』第7章,有斐閣,pp.175-201
山條朋子(2011)「欧米における周波数オークションの動向」『Nextcom』Vol.7, Autumn, pp.16-27
和田聡子(2011)「EU競争政策の歴史的背景と特徴」『EUとフランスの競争政策』第3章,NTT出版,pp.69-97
NHK放送文化研究所編(2011)『NHKデータブック 世界の放送』日本放送出版協会
De Fraja, G. and F. Delbono (1989) "Alternative Strategies of a Public Enterprises in Oligopoly," *Oxford Economic Papers*, Vol.41, pp.302-312.
Hotelling, H. (1929) "Stability in Competition," *Economic Journal*, Vol.39, pp.41-51.
Harrison, J. and L. Woods (2007) "State Aid: Constraints on Public Service Broadcasting," Chapter 13 in *European Broadcasting Law and Policy*, Cambridge University Press.
Kind, H., T. Nilssen and L. Sørgard (2005) "Financing of Media Firms: Does Competition Matter?" *CIE Discussion Papers 2005-08*, Centre for Industrial Eco-

nomics, University of Copenhagen.

*　本研究の一部は，科学研究費補助金（基盤研究（C），課題番号24530331）からの援助を受けている。記して感謝の意を表します。

第5章

放送行政・制度と民放の対応

砂川　浩慶

I　放送における「制度」の位置づけ

　放送が免許事業であることはよく知られているが、その制度の詳細については、放送事業者内でも限られた担当者しか知らないのが現実であろう。地上民放においても、「放送制度」が意識されるのは、5年に一度の再免許申請・交付時と番組面でのトラブルが発生した場合などに限定される。しかし、国民の共有財産である電波を私企業が独占的に使う以上、民放事業には公共性が伴うことは自明である。株式会社であれば、株主に利益を還元することが第一義となるが、メディア企業としての民放には、報道機関として権力監視をメインとするジャーナリズム機能、文化向上に資するコンテンツ制作機能が求められ、何より、民主主義を支える基盤として視聴者・国民からの支持がなければ成立しえないことを意識することが重要である。

　民放草創期の話として、"commercial broadcasting" をストレートに訳せば「商業放送」となるものをあえて、戦前の言論弾圧、戦後の民主主義の登場を踏まえて「民間放送」と称し、その後、「商放」ではなく「民放」が定着したとの話を民放界の大先輩に聞いたことがある。「民放」に込められた先達の思いの深さを知るエピソードだ。

　民放が関わる制度について法律を中心にまとめたのが図表5-1である。放送

図表5-1　放送・コンテンツ産業が関わる制度

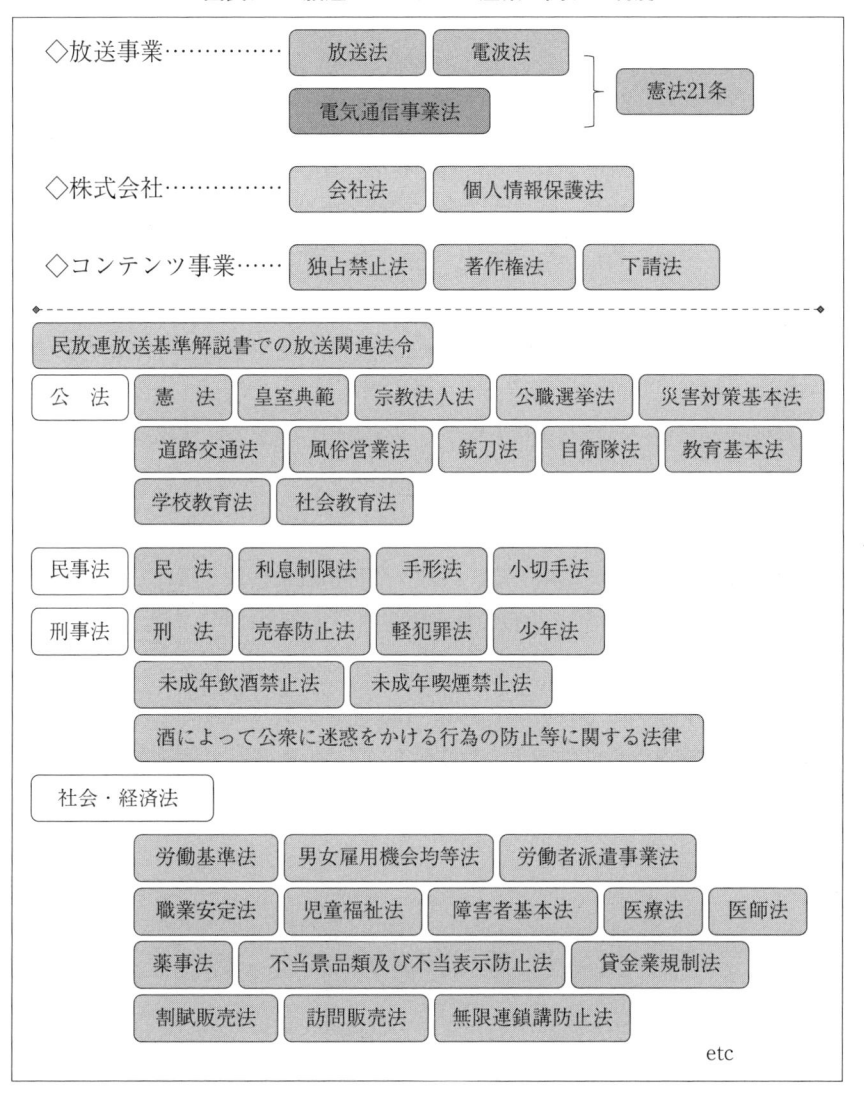

◇放送事業……… 放送法　電波法
　　　　　　　　電気通信事業法　　　　　　　憲法21条

◇株式会社……… 会社法　個人情報保護法

◇コンテンツ事業…… 独占禁止法　著作権法　下請法

民放連放送基準解説書での放送関連法令

公　法　憲　法　皇室典範　宗教法人法　公職選挙法　災害対策基本法
　　　　道路交通法　風俗営業法　銃刀法　自衛隊法　教育基本法
　　　　学校教育法　社会教育法

民事法　民　法　利息制限法　手形法　小切手法

刑事法　刑　法　売春防止法　軽犯罪法　少年法
　　　　未成年飲酒禁止法　未成年喫煙禁止法
　　　　酒によって公衆に迷惑をかける行為の防止等に関する法律

社会・経済法
　　　　労働基準法　男女雇用機会均等法　労働者派遣事業法
　　　　職業安定法　児童福祉法　障害者基本法　医療法　医師法
　　　　薬事法　不当景品類及び不当表示防止法　貸金業規制法
　　　　割賦販売法　訪問販売法　無限連鎖講防止法
　　　　　　　　　　　　　　　　　　　　　　　　etc

事業，株式会社，コンテンツ事業としての関係法律とともに，民放連の放送基準解説書での関連法令を公法，民事法，刑事法，社会・経済法に分けて列記した。こうした整理に対して「法律でがんじがらめ」とみるか，「関係制度はあるが，メディア企業として自主自立を貫く」とみるか，考えは分かれるが，視聴者・国民を向いた対応が求められる。在京テレビ社をはじめ，株式上場の放送局が増えることに伴い，社内に「コンプライアンス」担当のセクションが設けられることとなった。「法令順守」と訳されるコンプライアンスだが，メディア企業は単に法令を守るだけでなく，法令の不整合・不整備を指摘する役割ももつ。たとえば，かつて国会の証人喚問時の動画撮影を禁止した議院証言法の問題点を指摘し，改正させたのも民放の力であった。制度に対しては，「守り」だけでなく「攻め」の発想がメディア企業には求められるのである。

　この章では，まず，「新・放送法の問題点」として，放送事業と最も深い法律であり，2011年6月に「60年ぶりの大改正」（総務省）が施行された新・放送法を私見として批判的に論ずる，次に「今後の放送行政・制度の在り方について」を考察したうえで，「今後の放送事業者の行政・制度への対応について」を提示してみたい。

　民放は1951年にラジオが産声をあげ，1953年にテレビがスタートした。還暦を迎えた民放事業が公共性をよい意味で発揮し，「正確かつ迅速な報道と生活に潤いを与える娯楽番組」によって視聴者・国民の信頼を増大させていくことを念じてやまない。

Ⅱ　新・放送法の問題点

　2011年6月に施行された新・放送法の制定経緯・内容については，第6章で堀木卓也・民放連企画部長が執筆されており，詳細はそちらを参照いただきたい。私自身は，この新・放送法について「総務省官僚の権益拡大・規制強化法」と認識しており，私見として問題点を指摘したい。

　新・放送法が施行されて1年を迎えたが，この間，放送・通信の今後に関す

るビジョンについては官からも民間からも提示されていない。直後には「アナログ停波・デジタル完全移行」（岩手・宮城・福島の被災3県は2012年3月末）という大命題があったものの，"ポスト地デジ"の将来構想が明示されていない業界の未来は暗いとの見方もできる。その一因を私は「通信・放送融合法制」といいながらビジョンを示さなかった新・放送法にあると考える。

新・放送法の問題点として，(1)ビジョンなき制度改正，(2)巨大法による難解な制度，(3)定義変更による複雑さ，(4)規制強化事項の横行の4つを考える。

II-1　ビジョンなき制度改正

新・放送法の検討がスタートしたのは2005年の竹中平蔵・総務大臣時代に遡る。いい悪いは別にして，竹中氏は"素朴な疑問"として通信・放送の融合を大胆に提示したが，その後，行政も将来ビジョンを語ることはなくなり，法律条文を作成することが目的化し，その結果できあがった新・放送法からは21世紀の放送ビジョンはまったくみえない。

その理由の最大のものが，NHK・NTT を検討の俎上にあげなかったことである。今回の新・放送法は総務省内の論議過程から検討対象として，NHK と NTT を除外した。

旧・放送法は NHK 法との異名をもつほど NHK 関連規定が多いものだった（1988年の放送法全面改正まで，民放に関する直接的な規定条文は3条しかなかった）。しかし，21世紀の公共放送をどのように考えるかという議論がなされないままに新・放送法が成立した。NHK は2012年度から向こう3カ年の中期経営計画をスタートさせたが，その論議も前執行部が決めた受信料値下げをトレースするだけで，公共放送の役割をめぐる議論はほとんどなかった。

NHK のインターネットへの番組提供をめぐっては，新・放送法成立後にNHK が総務省に法改正を働きかけていることを明らかにしている。現在，特別会計で赤字となっている NHK オンデマンド事業を NHK の本来業務とする法改正を行い，受信料収入全体の中で位置付けることを可能としようというものである。放送後1週間程度の見逃しオンデマンドはイギリスやドイツでも行

われているが，それを全番組まで拡大することが公共放送として適正かどうかの議論は不可欠だ。もっといえば，21世紀に実施される公共放送サービスとは何か，それを実施する組織体は何かという基礎となる議論が必要となる。

　この点はNTTについても同様である。1985年の通信自由化は電電公社の民営化が主眼であった。2012年4月からサービスを開始した携帯端末向けマルチメディア放送「NOTTV」の事業会社であるmmbiの最大株主はNTTドコモである。NTT本体にはNTT法によって出資制限があるが，グループ企業は適用を受けない。民放テレビの背骨である番組伝送回線を担うのもNTTである。NTTおよびNTTグループの放送参入をどのように考えるかは，KDDI，ソフトバンクという携帯電話会社も含め，今後の放送・通信政策において極めて重要だ。

　NHK，NTTという，設立経緯からいっても最も規制対象として検討すべき問題を俎上にあげなかったことは，日本の今後の放送・通信政策に大いなる禍根を残し，ビジョンなき通信・放送行政を21世紀に迎えることとなった。

II-2　巨大法による難解な制度

　図表5-2で示したのが放送法の新旧対象条文表である。4つの法律を一本化することで条文数は単純比較で三倍となった。「放送法」「有線テレビジョン放送法」「電気通信役務利用放送法」「有線ラジオ放送法」の4つの法律は，個々別々の構成と条文であったため，それぞれで一定の完結をしていたが，新・放送法は膨大かつ難解で放送メディア相互の関係性・規定ぶりが極めて分かりにくいものとなっている。

　かつて，総務省の担当者と雑談ベースの話をした際，「新・放送法ができれば，当分仕事はなくならない」と述べていたことが思い出される。その理由を問うと，「条文も多く，内容もよく読んでも分からない法律だから，解釈は官僚が行うことになる。だから，仕事がなくならない」と解説してくれた。官僚も認める巨大難解法ができ上がり，官僚以外は理解できない法律が出現したのである。

さらに法制度の全体をみるためには，膨大な政省令を理解することが不可欠となる。ちなみに，新・放送法施行前に総務省が意見聴取を行った省令は主なものだけで，次のとおりだ。

◇放送法施行規則の一部を改正する省令案
◇基幹放送の業務に係る表現の自由享有基準に関する省令を定める省令案
◇基幹放送の業務に係る表現の自由享有基準に関する省令の認定持株会社の子会社に関する特例を定める省令を定める省令案
◇放送局の開設の根本的基準の一部を改正する省令案
◇電気通信事業紛争処理委員会手続規則の一部を改正する省令案
◇一般放送の設備及び業務に関する届出の特例を定める省令案
◇放送普及基本計画の一部を改正する告示案
◇放送用周波数使用計画の一部を改正する告示案
◇電波法施行規則の一部を改正する省令案
◇特定無線局の開設の根本的基準の一部を改正する省令案
◇無線局免許手続規則の一部を改正する省令案
◇電波法関係審査基準の一部を改正する訓令案

図表5-2　新・旧放送法条文対比表

新・放送法（194条）	旧・放送法（59条）
第1章　総則（第1条・第2条） 第2章　放送番組の編集等に関する通則（第3条－第14条） 第3章　日本放送協会（第15条－第87条） 第4章　放送大学学園（第88条－第90条） 第5章　基幹放送（第91条－第125条） 第6章　一般放送（第126条－第146条） 第7章　有料放送（第147条－第157条） 第8章　認定放送持株会社（第158条－第166条） 第9章　放送番組センター（第167条－第173条） 第10章　雑則（第174条－第183条） 第11章　罰則（第184条－第194条） 附則	第1章　総則（第1条－第2条の2） 第1章の2　放送番組の編集等に関する通則（第3条－第6条の2） 第2章　日本放送協会（第7条－第50条） 第2章の2　放送大学学園（第50条の2－第50条の4） 第3章　一般放送事業者（第51条－第52条の8） 第3章の2　受託放送事業者（第52条の9－第52条の12） 第3章の3　委託放送事業者（第52条の13－第52条の28） 第3章の4　認定放送持株会社（第52条の29－第52条の37） 第4章　放送番組センター（第53条－第53条の7） 第5章　雑則（第53条の8－第53条の13） 第6章　罰則（第54条－第59条） 附則

このうち，例えば「放送法施行規則」だけで，条文数218条，新旧対象表でA4判179ページというもので，全体の理解はほとんど不可能。身近なメディアである放送を規定する法律・制度は，新・放送法によって，一般市民と乖離してしまったのである。

II-3　定義変更による複雑さ

新・放送法は，条文数が増えるとともに「放送」の定義変更とともに，「基幹放送」「一般放送」という新たな概念が入り，「有線テレビジョン放送」などの用語は法律上はなくなるなどの概念変更が行われた。

(1)　「放送」の定義変更

新・放送法で「放送」の定義は「公衆によつて直接受信されることを目的とする電気通信の送信をいう」となった。旧法では，「公衆によつて直接受信されることを目的とする無線通信の送信をいう」だったので，「無線通信」が「電気通信」に変わったことにすぎない。総務省は，この定義はかつての「電気通信役務放送法」の定義をもってきただけと説明しているが，この定義変更はインターネットも将来的に放送型の規制対象とする総務省の深謀遠慮がみえる規定ぶりとなっている。

そもそも「電気通信」は，電気通信事業法第2条1項で「有線，無線その他の電磁的方式により，符号，音響又は影像を送り，伝え，又は受けることをいう」と規定されている。「伝え，又は受ける」であり，電気通信は双方向であるが，放送の定義は「公衆によつて直接受信されること」が目的なので，一方向の放送という理屈である。

2001年に「電気通信役務利用放送法」が制定された時点で，すでに普及しはじめていたインターネットを放送に位置付けるかどうかは論じられてきた。当時の総務省の説明は，①いわゆるインターネット放送は，通信サービスに当たり，電気通信役務利用放送の定義に該当しない，②仮に，今後，定義に該当するようなインターネット放送が出現してきた場合であっても，現時点にお

いて予測される範囲内では，放送に比し，社会的影響力が格段に小さいものと判断される，というものだった。

　また，インターネット放送が「放送」に該当しないことの理由として，① いわゆるインターネット放送は受信者の個々の求めに応じて個別に送信される形態であり，「放送」の要件である，「公衆に対して『同時かつ一方的』に送信されるもの」ではないため，「放送」には該当しないものと理解し，概念的に「放送」ではなく「通信」と整理される，② ただし，今後「同時かつ一方的」に送信される形態のものが出現すれば，「放送」の定義に該当しうることもある，との整理をしている。

　役務利用放送法施行から10年を経て施行された新・放送法（役務利用放送法，有線テレビジョン放送法など統合された4つの放送関連法は施行日の2011年6月30日付けで廃止）だが，国会審議での答弁根拠は10年前と同様であった。つまり，① インターネットは自分から取りにくいサービスだから通信，② 放送を規律する根拠である「放送の社会的影響力」に比べインターネットの影響力は軽微，というものだ。現在のインターネット普及をして"軽微"と考えるには無理がある。

　新・放送法改正のベースとなった「通信と放送の融合法制」論議では，実はインターネットを規制対象とすることが提起された。2008年6月にパブリックコメントが行われた「通信・放送の総合的な法体系について（中間論点整理）」で示されたのが，図表5-3である。

　「放送」という言葉をやめ，「メディアサービス」と「公然通信」に大別し，「メディアサービス」は，さらに「特別メディアサービス」と「一般メディアサービス」に分けるというものである。この中間論点整理は，日本新聞協会など既存マスメディア団体から「言論・表現の自由」を脅かすものとの提起や，インターネットの個人ユーザーからの猛反発によって，結局見送られることとなったが，将来的に総務省がインターネットを規制下に置こうとしていることは明白である。

　このような総務省の思惑に対しては，2009年の「通信・放送の総合的な法体

系の在り方答申(案)」のパブリックコメントに経済産業省が長文の意見書を提出することで釘を刺している。該当部分を抜粋すると,

> 【法体系見直しの必要性】
> ○ 現行の通信・放送の規制は,通信(市場独占性)・放送(電波の希少性)の特殊性に起因する規制であり,これらの規制を,インターネットに代表される自由なビジネス領域まで対象範囲を拡大すべきではない。
> １．法体系見直しの必要性
> ○ 今般の再編法における法体系の見直しは,既存９本の通信・放送関連法体系が複雑かつ分かりにくく,透明性・整合性が欠如した体系となっており,ビジネス展開上支障をきたしかねない現状を踏まえて見直しを行うものであり,通信・放送の既存法体系の範囲内で整理・合理化が行われるべきものである。
> ○ したがって,今回の見直し再編に当たっては,自由な経済活動と技術進歩を促進する観点から,必要最小限のものとするとともに,制度のわかりやすさと透明性を確保したものにする必要がある。
> ○ また,現行の通信・放送の規制は,通信(市場独占性)・放送(電波の希少性)の特殊性に起因する規制であり,これらの規制を,インターネットに代表される自由なビジネス領域まで対象範囲を拡大すべきではない。むしろ,これらの領域及びこれらに融合しつつある領域(一部の通信・放送)においては,現実社会のビジネスの延長として,一般法が基本的に適用されることを原則とすべきである。

つまり,経済産業省は,新・放送法改正を総務省の権益拡大とみて,インターネットへの放送型規制に懸念を示しているのだ。本来,パブリックコメントは行政施策に対する民間からの意見を聴く場であり,同じ霞が関の中央官庁同士で意見を述べ合う場ではないはずだが,経産省の意見は十分な説得力をもっている。

図表5-3 コンテンツに関する法体系のあり方

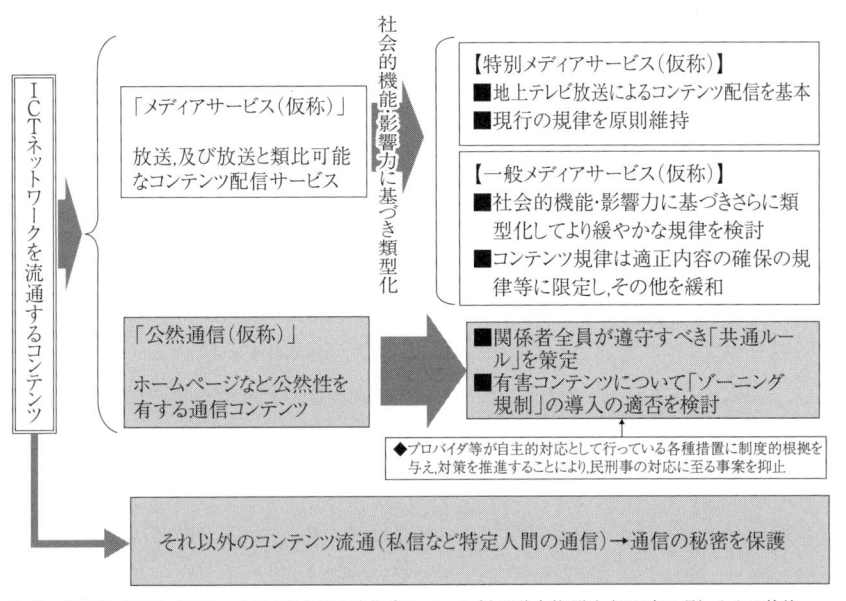

```
                                        【特別メディアサービス(仮称)】
                    「メディアサービス(仮称)」    ■地上テレビ放送によるコンテンツ配信を基本
                                        ■現行の規律を原則維持
I                   放送,及び放送と類比可能
C                   なコンテンツ配信サービス    【一般メディアサービス(仮称)】
T                                        ■社会的機能・影響力に基づきさらに類
ネ                  社会的機能・影響力に基づき類型化  型化してより緩やかな規律を検討
ッ                                        ■コンテンツ規律は適正内容の確保の規
ト                                           律等に限定し,その他を緩和
ワ
ー                  「公然通信(仮称)」        ■関係者全員が遵守すべき「共通ルー
ク                                           ル」を策定
を                  ホームページなど公然性を   ■有害コンテンツについて「ゾーニング
流                  有する通信コンテンツ          規制」の導入の適否を検討
通
す                            ◆プロバイダ等が自主的対応として行っている各種措置に制度的根拠を
る                            与え,対策を推進することにより,民刑事の対応に至る事案を抑止
コ
ン
テ
ン                   それ以外のコンテンツ流通(私信など特定人間の通信)→通信の秘密を保護
ツ
```

出典:総務省(2008)「通信・放送の総合的な法体系について(中間論点整理)」(2008年6月)からの抜粋

　このような経緯からも「放送」の定義変更は明白な意図があるのだ。今後,インターネットの社会的影響力が増せば増すほど,規制を受けることが想定されるのだ。

(2) 著作権法との不整合

　また,著作権法との整合も図られていない。著作権法上は,著作隣接権者として,放送事業者とともに「有線放送事業者」が残り,権利としての「有線放送権」が残っているが,新・放送法により「放送」は多岐にわたることとなった。放送番組の契約で「放送」という用語を使う場合,新・放送法の「放送」なのか,著作権法の「放送」「有線放送」「自動公衆送信」なのか,細かく規定し,関係者の合意を得ることが必要となることも想定される。

　放送番組をはじめとする「コンテンツ流通」促進を政策目標としながら,民

間事業に混乱を与える法改正となっているのだ。同様に，従来，「再送信」との用語が使われた，ケーブルテレビの放送受信も明確な理由は示されないまま，「再放送」に変更された。日常生活で使われる一般的な用語での「再放送」はリピート放送を指し，この「再放送」も混乱を招くことが予想される。

(3) 「基幹放送」と「一般放送」

　定義規定の関係では，「基幹放送」と「一般放送」の区別も問題となる。「基幹放送」については，「電波法の規定により放送をする無線局に専ら又は優先的に割り当てられるものとされた周波数の電波を使用する放送をいう」と定義され，従来の地上放送，110度 CS，BS が対象となるが，「一般放送」は「基幹放送以外の放送をいう」とされ，法律の条文レベルでは一般放送の範囲が不明確となっている。

　法律レベルでは明らかではない，「一般放送」の詳細は，放送法施行規則の「第5章　一般放送」で詳細が定められている。たとえば，ケーブルテレビに関して，放送法施行規則の定義規定では，まず「有線一般放送」として「有線電気通信設備を用いて行われる一般放送」を定めている。そのうえで，「有線テレビジョン放送」とは「テレビジョン放送による有線一般放送」，「有線テレビジョン放送事業者」とは「有線電気通信設備を用いてテレビジョン放送の業務を行う一般放送事業者」をいうとしている。また，ケーブルテレビの規模に応じて，501端子以上の有線テレビジョン放送事業者は「登録一般放送事業者」，それ以下の規模の共聴などのケーブルテレビは「届出一般放送」となる。このように省令を細かく精査しないと理解できない構造となっている。

　形骸化しているとはいえ，国会での審議が行われて制定される法律に対して，省令は事実上，行政が定めることができる。つまり，今回の新・放送法によって，今後，「放送」の範囲を行政が決めることが可能となった。

II-4　規制強化事項の増加

　新・放送法では委託・受託放送制度をなくす代わりに「ハード・ソフト分離」

方式を基調としている。民放連の猛反発によって、地上放送には「経営の選択肢の拡大」という苦肉の策によって、従来のハード・ソフト一致の免許形態も残したが、すべての放送にハード・ソフト分離形態を導入することが基調となった。

　1989年の放送法・電波法改正で、それまで通信利用しかできなかったCSを放送に見立てる際に導入された、ハード・ソフト分離方式が導入された。郵政省、その後の総務省は分離方式導入を一貫して主張してきた。その最大の狙いを筆者は、番組への直接介入を可能とすることだと考える。実際、新・放送法では、ハード・ソフト分離方式では、総務大臣が電波監理審議会への諮問を経ずに、直接、ソフト事業者に対して3カ月以内の業務停止命令を出すことを可能としている。地上放送において適用されてきたハード・ソフト一致原則の免許制度は「施設免許」である。1915年に制定された無線通信法では「無線電信及ビ無線電話ハ政府之ヲ管掌ス」とし、放送は国家に管理されていた。これが戦前・戦中の大本営発表につながるわけだが、この反省にたって、現在の放送制度は形作られた。このため、国が直接、番組内容にタッチできないように、電波発射という行為に着目した「施設免許」とし、事業内容、つまり番組内容に対する権力介入を防ぐスキームがとられてきた。「施設免許」と対の概念といわれるのが、「事業免許」である。番組規制の歴史の中で、この「事業免許」制の導入というのが、特に政府与党から提起されたことが何度もあり、放送法・電波法が改正される間際までいったこともある。そのつど、放送業界や言論界は反対を行い、導入を阻止してきた。「事業免許」とは、まさに免許を受けた事業に対するものであるから、官によって番組内容で判断されることになるのである。その意味で、番組内容・計画を比較審査の対象としているハード・ソフト分離方式は「事業免許」的性格を有しており、総務省が導入に積極的な理由の本音もそこにあることに注意したい。

　この他、テレビジョン事業者への番組種別公表義務、放送事故等技術的トラブルへの対応強化など、新・放送法は規制強化の条項が並ぶ。これらは「視聴者保護」を大義名分として導入されたものであり、建前的に否定しがたい面を

もつ。しかし，経産省が指摘する総務省の権益拡大にならないか，今後の運用について注視が求められることはいうまでもない。

Ⅲ 今後の放送行政・制度の在り方について

　主要先進国との比較において，日本の放送・通信行政で最も問題となるのが，総務省の一元管理体制である。諸外国においては，米FCC（連邦通信委員会）にみるような独立行政委員会方式が取られ，言論・表現への規制を扱う機関はむき出しの権力である国家機関と一線を画すこととしている。

　日本においても，2009年8月30日の第45回衆議院議員総選挙による民主党への政権交代によって，一時行政機構見直しの機運はあった。民主党は「政策インデックス」において，かつての電波監理委員会のような独立行政委員会を念頭においた"日本版FCC"の導入を掲げていた。民主党政権下で総務大臣に就任した原口一博氏は，従来の政策見直しを公言するとともに，2009年12月に「今後のICT分野における国民の権利保障等の在り方を考えるフォーラム」（座長：濱田純一・東大総長）をスタートさせた。先進諸国において，行政府が電波監理と規制機関の双方を担っているのは日本のみであり，他国では言論・報道に関わる規制機関は独立行政委員会的な機構が導入されている。しかし，「フォーラム」の論議は，行政機構のあり方より，記者クラブ制度の是非など，民主党政権の他の施策同様に迷走する。2010年12月22日に公表された報告書は各論点の両論併記に留まり，その後の政策に活かされることはなかった。"日本版FCC"は，総務省官僚によって見事につぶされたのである。

　このことから今後の放送行政について，日本では総務省が担うことが続くこととなった。

　日本の放送行政の問題点として，事前規制が強く，自由な事業展開を阻害してきた点があげられる。地上テレビ放送の多局化での一本化調整以来，行政（かつては政治も）とメディア（かつて新聞，いまやキー局）が水面下の交渉により重要なことを決める一方，新規参入の排除が続いてきた。

折しも，2012年3月からはBSテレビが29チャンネル（データ放送を含めると31チャンネル。図表5-4参照）となり，CSからBSに移ったチャンネルの跡地利用に関してCSも新たな再編が行われることとなる。BS事業者選定も行政裁量が働く比較審査方式で行われたため，透明性を欠く決定となった。CSの再編にしてもすでに多くの帯域を確保しているキー局の優位性が指摘されている。行政と既存メディアが自由な事業展開に踏み出さず，事前調整の枠組みだけにとどまれば，今後の発展は望めない事態も予想される。

　一方，インターネットの隆盛に伴うコンテンツ流通問題では，総務省と経済産業省の確執が国レベルでの対応を阻害している。郵政省と通商産業省時代からの縄張り争い（過去の事例では，ハイビジョンを記念する日として，郵政省は走査線にちなみ11月25日，通産省は立横比にちなみ9月16日に式典を実施）が省庁再編でも続いている。前述のインターネットをめぐる規制争いもそうだが，コンテンツ流通では似たような実証実験を税金で行っており，縦割り行政の弊害が長く指摘されている。文化庁と総務省，経産省の関係セクションを一本化する再編案も出されたが，実現しなかった。国によるコンテンツ政策の問題としては「流通」のみを問題にし，「生産」に着手（国による関与には一定の注意はいるが）しないことである。すべての産業において，「流通」は「生産」があってはじめて成立する。「クールジャパン」の旗手といわれるアニメ業界においては，劣悪な制作環境は改善されておらず，テレビ番組制作会社の環境整備も中々進んでいない。似たような実証実験を繰り返す原資があるのなら，まず，コンテンツ生産現場の改善が図られるべきなのだ。

　また，放送行政については免許制度の運用の問題がある。日本の放送局の免許の期間は1988年に5年となった。問題がなければ免許が"更新"される欧米型に対して，制度上はあくまでも新規の再免許制度（従って，再免許時には制度上，新規事業者が名乗りをあげることが可能で，その場合は競願申請による比較審査がなされる）である。過去の事例をみても，この再免許時に免許付与権限をちらつかせながら，総務省は放送事業者へ対応を迫ってきた。たとえば，1998年5月から12月までを検討期間とした，郵政省「青少年と放送に関する調

図表5-4 BS 一覧

種別	チャンネル名	ワンタッチ選曲・ch	受信料／視聴料月額（税込）
公共放送	NHK BS1	1　101,102	NHK 衛星契約地上契約 +945円
	NHK BS プレミアム	3　103,104	
無料放送	BS 日テレ	4　141,142,143	－
	BS 朝日	5　151,152,153	－
	BS - TBS	6　161,162,163	－
	BS ジャパン	7　171,172,173	－
	BS フジ	8　181,182,183	－
有料放送	WOWOW プライム	9　191	2,415円
	WOWOW ライブ	192	
	WOWOW シネマ	193	
	スター・チャンネル1	10　200	2,100円
	スター・チャンネル2	201	
	スター・チャンネル3	202	
無料放送	BS11	11　211	－
	TwellV（トゥエルビ）	12　222	－
	放送大学	231，232，233	－
有料放送	グリーンチャンネル	234	1,260円
	BS アニマックス	236	630円
	FOX bs238	238	315円
	BS スカパー！	241	
	J SPORTS 1	242	2,400円
	J SPORTS 2	243	
	J SPORTS 3	244	
	J SPORTS 4	245	
	BS 釣りビジョン	251	1,260円
	IMAGICA BS	252	630円
	日本映画専門チャンネル	255	525円
	ディズニー・チャンネル	256	630円
無料放送	Dlife	258	－
	放送大学	531（独立音声）	－
	ウェザーニュース	910（独立データ）	－

出典：DpaHP をもとに作成

査研究会」は，すべての放送局が免許申請・審査，そして11月1日付での一斉再免許交付という時期に重なり，放送事業者への圧力となった。現職報道局長の国会での証人喚問という前代未聞の事態を起こした，テレビ朝日報道局長"発言"問題も1993年10月の再免許直前の時期に起こっており，期間限定免許が付与された。

　国民の共有財産である電波の免許は，透明性が求められる。事前審査や免許付与権限を総務省が力の源泉として濫用することはあってはならない。

Ⅳ　今後の放送事業者の行政・制度への対応について

　今後，放送事業者，特に民放事業者が行政や放送制度を考える際に重要なことは，憲法21条に基づく「表現の自由」を再確認し，行政に付け込まれない「自主自立」を確立することである。

　ただ，その際，在京テレビキー局と他の民放事業者を同列に論じられるかという問題を提起したい。

Ⅳ-1　在京キー局による"放送"の拡がり

　TBSテレビ・ラジオ，フジテレビジョン，テレビ東京の3社は既に持ち株会社に移行しており，日本テレビ放送網も2012年10月の移行を発表，テレビ朝日も計画中と伝えられている。在京テレビキー5社すべてが持ち株会社に移行する日も近いとみられている。

　各社は，マスメディア集中排除原則の範囲内ではあるが，地上テレビのほか，BSデジタル放送（BS日本，BS-TBS，BSフジ，BS朝日，BSジャパン），CSデジタル放送（日本テレビ：日テレG＋，日テレNEWS24，日テレプラス，TBS：TBSチャンネル，TBSニュースバード，C-TBS，フジテレビ：フジテレビNEXT，フジテレビONE，フジテレビTWO，テレビ朝日：朝日ニュースター，テレ朝チャンネル）のチャンネルをもち，それ以外のCS各社への番

組供給・販売を行っている。さらに、インターネットでの動画配信を各局単位で実施し、2012年4月からは電通とともに各社のオンデマンドサービスと連携した「もっとTV」もスタートした。

映画の分野においても、いまや在京テレビの力は圧倒的だ。特に製作委員会方式が主流となった現在、製作委員会に参画する各企業はテレビでの広報を前提として映画製作が行われることとなる。テレビドラマをもとにした映画のみならず、主演俳優が映画公開にあわせて、朝の情報番組、バラエティー、トーク番組などに出演していることが常態化している。図表5-5は2011年度の邦画の興行収入ランキングだが、すべての作品に在京キー局がコミットしている。良い悪いは別にして、新聞との連携も含め、在京テレビ5社がメディア・コングロマリット化しているのだ。

メディア・コングロマリット化そのものが悪いわけではないが、放送をベースにした公共的役割より、企業・グループ発展に力を注いでいるように思える。もともと、民放において、報道セクションは一部局にしかすぎず、ジャーナリズムを語ることは少ないといわざるを得ない。さらに昨今のメディア展開によ

図表5-5　2011年度興収ランキング　　　　　　　　　（単位：億円）

No.	作品名	興行収入	配給会社	関係キー局
1	コクリコ坂から	44.6	東宝	日本テレビ
2	劇場版ポケットモンスター　ベストウィッシュ「ビクティニと黒き英雄ゼクロム」「ビクティニと白き英雄レシラム」	43.3	東宝	テレビ東京
3	ステキな金縛り	42.8	東宝	フジテレビ
4	SPACE BATTLESHIP　ヤマト	41.0	東宝	TBS
5	GANTZ	34.5	東宝	日本テレビ
6	SP THE MOTION PICTURE 革命篇	33.3	東宝	フジテレビ
7	相棒　－劇場版Ⅱ－　警視庁占拠！特命係の一番長い夜	31.8	東映	テレビ朝日
8	名探偵コナン　沈黙の15分（クォーター）	31.5	東宝	日本テレビ
9	GANTZ PERFECT ANSWER	28.2	東宝	日本テレビ
10	映画ドラえもん　新・のび太と鉄人兵団　～はばたけ天使たち～	24.6	東宝	テレビ朝日

出典：映連発表データをもとに作成

って，デジタル化やコンテンツのマルチメディア展開といった新規事業への拡大も盛んであるが，メディア・コングロマリット化が企業の論理を優先させることのみになってはいけない。

　コンテンツ産業の主たる担い手となっている在京テレビ5社は，改めて公益性の自覚が求められる状況にあるのだ。国会や総務省の会合で放送が取り上げられるとき，民放というと在京テレビをイメージして語られることが多い。今後の放送行政に対して，在京テレビ5社が自らの企業グループの利害を優先させるのではなく，メディア全体を見渡し，視聴者・国民の利益を考えた対応を取ることを願い，あえて苦言を呈したい。

Ⅳ-2　求められる「憲法21条」の再確認

　東日本大震災後，メディア不信がいわれる中，民放において再確認すべきものに日本国憲法がある。憲法第21条は「集会，結社及び言論，出版その他一切の表現の自由は，これを保障する」「2　検閲は，これをしてはならない。通信の秘密は，これを侵してはならない」の2項からなる。戦前の国家管理に対する反省が「表現の自由」「検閲の禁止」「通信の秘密」の3つのキーワードに込められている。

　この憲法21条を踏まえ，放送法は第1条（目的）において，以下のように「表現の自由」をうたっている。

第1条　この法律は，左に掲げる原則に従って，放送を公共の福祉に適合するように規律し，その健全な発達を図ることを目的とする。
1．放送が国民に最大限に普及されて，その効用をもたらすことを保障すること。
2．放送の不偏不党，真実及び自律を保障することによつて，放送による表現の自由を確保すること。
3．放送に携わる者の職責を明らかにすることによつて，放送が健全な民主主義の発達に資するようにすること。

　1項で最大限の普及を語り，2項で表現の自由，3項で健全な民主主義の発達をうたっている。総務省出身の金澤薫氏の「放送法逐条解説」によれば，法

律条文で「民主主義」を用いているのは，放送法と「文字・活字文化振興法」のみという。この目的を遂行するのは誰かということが問題となるが，筆者は法律は第一に行政を律するものであり，この3つの事項の履行を求められるのは行政であると考える。不偏不党が課せられているのは国であり，それは自律を保証し，「表現の自由」を確保するという構成になっていると考えるのだ。

　このように放送法は国が権力の濫用を行わないことを定めている。そのうえで，改めて第3条で「放送番組編集の自由」として「放送番組は，法律に定める権限に基く場合でなければ，何人からも干渉され，又は規律されることがない」と定めている。問題は下線部を引いた「法律に定める権限に基く場合」であり，法律に根拠があれば編集の自由が制限されるのだ。現在，公職選挙法での政見放送や災害対策基本法に基く災害時の放送，有事法制での放送などに適用されている。しかし，公的規制という法による規制があれば，放送メディアの規制は容易であり，それに対抗するためには，「自主規制」が重要という論理構成となっている。

　現に公的規制の動きは止むことがない。戦後の放送の歴史はある意味，公的規制と自主規制の戦いという見方もできる。2007年の関西テレビ捏造問題でも，放送法改正案に自民党が「再発防止計画の提出」を提案した。国（総務大臣）がいい番組，悪い番組を決めて再発防止提出を求めることができるとのスキームであり，民放連・NHKなども反対を表明，与野党協議の段階で問題化し，審議入りに至らず，最終的には削除となった。ただ，当時の菅義偉・総務大臣は，「不祥事を起こした企業に再発防止計画を提出させて何が悪い。国民も支持してくれる」と述べ，改正の必要性を強調した。この「国民も支持してくれる」という言葉の意味は重い提起である。もはや自主規制に頼っていては問題は解消しないので，公的規制が必要との菅大臣の考え方が主流となれば，なにより大事な国民の「信頼」が損なわれるのだ。

　このように憲法に基く放送法は「表現の自由」を担保している。放送法が「民主主義」と「表現の自由」の発展をうたっているのは，「表現の自由」が放送局のものではなく，国民のものであることを示している。これを自主規制によ

って、より良い番組作りに活かしていくのが、放送事業者のあるべき道なのである。

Ⅳ-3 「自主自立」の確立を

　放送事業者にとって、番組こそが商品であることは今後も変わることがない。近年の広告不況によって、放送外収入の増加や番組のマルチユースが喧伝されるが、それも人気のある番組があってこその話である。番組自体はノンジャンル化し、放送法のいう「教養」「教育」「娯楽」「報道」というカテゴリーに収まらない番組も増えてきた。また、CSの世界では、ニュース、映画、スポーツ、趣味、音楽、さらにはアダルトまで多チャンネル化によって番組ジャンルは増えた。しかし、多メディア多チャンネルにふさわしい多様性・多元性が発揮されているかが重要である。「買ってきて流す」という流通の発想や、少しでも視聴率があがるように他局の類似番組を真似るなどの行為が続き、さらにメディア・コングロマリット化による産業化に拍車がかかれば、視聴者の信頼は得られない。だからこそ、自らを律する「自主規制」が重要になる。「自主規制」というと、ネガティブに捉えられがちだが、「法的規制」を跳ね返すような、いわば「攻めの自主規制」、つまり「自主自立」が必要なのである。

　制度・行政との関係で、いわゆる業界エゴを述べるだけでは短期的な解決は図られても、長期的な信頼は得られない。冒頭に述べた多種多様な法律・制度に関わる放送事業者だからこそ、「自立」をベースにした、政策提言や将来展望ができるともいえる。

　還暦を迎えた民放がインターネット時代に輝き、国民の信頼を得られる制度とは何か。今後とも国民のためのあるべき制度を追い求める放送事業者であってほしい。

第6章
2011年放送法等改正の概要

堀木　卓也

はじめに

2011年6月30日,「放送法等の一部を改正する法律」[1] が施行された。

通信・放送法制の再編論議に端を発し,2006年秋に総務省で始まった法制化の検討から新法の可決・成立まで4年余を経て,2011年7月24日のアナログ放送終了およびデジタル放送への移行（岩手,宮城,福島の3県を除く）の直前に施行されたものだ。検討の当初は「通信と放送の融合」をスローガンに,関連法の一本化による「情報通信法」が構想されたが,最終的には放送関連4法（放送法,有線テレビジョン放送法,有線ラジオ放送法,電気通信役務利用放送法）の統合を中心とした再編に落ち着いた。このため法律案の名称は「放送法等の一部を改正する法律案」とされた。

法律案の名称が示すとおり,通信分野では目立った見直しはないが,放送分野に関しては,放送の定義変更,基幹放送と一般放送の区分の新設,地上放送でハード・ソフト分離型を導入,マスメディア集中排除原則の法定化など,枠組みに関する重要な見直しが行われている。

本章では,2011年放送法等改正の主要事項について政省令を含め概説するとともに,これらの制度改正の放送事業にとっての意義を考察する（以下,2011年6月30日施行の改正放送法を「新放送法」と表記する）。

I　新放送法の法制化の経緯

　2005年，自民党の小泉政権下で構造改革が進行する中，放送業界にも改革を求める波が押し寄せた。その急先鋒は内閣府の規制改革・民間開放推進会議（議長：宮内義彦オリックス会長＝当時）で，放送分野に新規参入を促すための諸施策を打ち出し始めていた。当時流行り始めた「通信と放送の融合」という言葉は放送改革のスローガンとして使われ，そうした変革へのある種の期待感を表したものでもあった。

　同年秋に総務大臣に就任した竹中平蔵氏は，通信と放送の融合を前提としながら，「なぜ，ワールドカップサッカーの日本戦のテレビ中継が全国でみられないのか」，「なぜ，日本には米国のタイムワーナーのようなメディアコングロマリットが存在しないのか」という問いかけを，会見などでしばしば口にしていた。前者の問いかけは事実誤認のところはあったが，竹中氏が言いたかったのは，〈ブロードバンドを使って東京キー局の番組を全国に配信すれば全国でキー局の番組を見られるようになるのではないか〉という趣旨だったろう[2]。国民に人気の高いテレビ番組を放送電波だけでなくブロードバンド経由でも配信すれば，国民にとって便利であり，新たなビジネスの可能性も生まれる。そういう認識や期待をこめての発言だったと思われる。

　放送改革を志向する竹中大臣は2006年1月，自ら主宰する「通信・放送の在り方に関する懇談会（竹中懇談会）」を立ち上げ，通信・放送法制の再編を重点課題の一つにあげた。

　同年6月6日，同懇談会は報告書を公表。「通信・放送の法体系の抜本的見直し」の項で，こう記された。

　「通信・放送の融合／連携が進展するにもかかわらず，法体系上は通信と放送が二分され，かつ，通信・放送全体で合計9本もの法律が存在している。このような人為的な市場の細分化により自由な事業展開が阻害されている。このため，通信・放送の融合に対応して現行の法体系を見直すことが喫緊の課題であり，即座に検討に着手すべきである。その上で，2010年までに，現行制度の

ような基幹放送の概念の維持や放送規律の確保等を前提に必要な法制的手当てを措置し，新たな事業形態の事業者が伝送路の多様化等に柔軟に対応して，利用者のニーズに応じた多様なサービスを提供できるよう，伝送・プラットフォーム・コンテンツといったレイヤー（階層）区分に対応した法体系とすべきである。

なお，これはあくまで法律，規制の体系の見直しであり，事業者が垂直統合的な組織・サービスを志向することを妨げるものでないことは当然である。」

同報告書の情報通信政策への反映をめぐって政府（総務省）と与党（自民党・公明党）の間で協議が行われ，6月20日に「通信・放送の在り方に関する政府与党合意」がまとまった。この合意の中で，「通信・放送に関する総合的な法体系について，基幹放送の概念の維持を前提に早急に検討に着手し，2010年までに結論を得る」との政府方針が定まり，法体系の再編は2010年を期限とした総務省の"宿題"となった。

なお，政府与党合意には通信・放送法制の見直しのほか，①NHKのガバナンス強化（経営委員会の権限強化），②マスメディア集中排除規制の緩和（認定放送持株会社制度の導入）などが盛り込まれ，これらは2008年放送法改正で具体化した。

通信・放送の在り方に関する総合的な法体系は，当初は「情報通信法」構想とよばれ，9本ある通信・放送関連法の一本化が検討された。2006年9月に発足した総務省「通信・放送の総合的な法体系に関する研究会」（座長：堀部政男・中央大学大学院法務研究科教授＝当時）が2007年6月にまとめた中間報告では，①9本の関連法をコンテンツ，プラットフォーム，伝送インフラの3つのレイヤー区分に基づき統合・再編，②コンテンツ規律では有線・無線のネットワークを通じて配信される公然性のあるコンテンツを規制対象とし，社会的機能や影響力の大きさによって「特別メディアサービス」（地上テレビ放送など），「一般メディアサービス」（CS放送や有線テレビジョン放送など），「公然通信」に類型化，などが提言された。いわゆるハード（伝送インフラ），ソフト（コンテンツ制作）分離型の法体系であり，一致型の地上放送も分離型に

移行する方向が示された。インターネット上のコンテンツを規制対象に含めるかが注目されたが，中間報告は，①インターネット上の動画配信サービスは「一般メディアサービス」に該当しコンテンツ規律の対象となる，②「公然通信」にはホームページなどが該当し，関係者が順守すべきルールを決めるほか有害コンテンツ規制の導入を検討する，とした。制度上，「通信」に区分されるインターネットの動画コンテンツに放送の番組規律を適用する方針に対し，通信事業者，放送事業者のみならず，有識者，作家，ジャーナリストら幅広い層から異論や反対が続出した[3]。同研究会は同年12月に最終報告書をまとめたが，中間報告を踏襲した内容で，結論は先送りされた。

　総務省は2008年2月，情報通信審議会に「通信・放送の総合的な法体系の在り方」を諮問し，同審議会の下に「通信・放送の総合的な法体系に関する検討委員会」（主査：長谷部恭男・東京大学法学部教授）を設置した。同年6月にまとめられた「中間論点整理」では，レイヤー型法体系への転換という従来方針は維持されたが，関連法の一本化には拘泥しない方針が示された。注目のコンテンツ規律は，「メディアサービス」として規律の対象となるものを「放送」に限定し，オープンメディアコンテンツ（＝公然性のある通信コンテンツ）はプロバイダ責任制限法の枠組みを適用して当面は行政機関が関与しない方向が示された。「情報通信法」の呼称も使われなくなった。この頃から，総合的な法体系は放送関連法の統合が軸になる方向がうかがえた。なお，NHKやNTTの業務内容の在り方については，前身の研究会の最終報告と同様，検討対象から除かれた。

　その後，法体系検討委員会はほぼ1年の審議を経て2009年6月，答申案をまとめ，同年8月26日，総務大臣に答申された。同答申では，①放送類似の通信コンテンツを規律の対象としない，②放送と通信は維持すべき法益や目的が異なるため放送法制と電気通信事業法制の一本化は行わず，放送法制と電気通信事業法制をそれぞれ一本化する，との結論に落ち着いた。

　この答申を具体化し，現行の有線テレビジョン放送，有線ラジオ放送法，電気通信役務利用放送法の3法を廃止して放送法に統合（＝放送関連4法の統

合）することを軸としたので，改正案の呼称は「放送法等の一部を改正する法律案」とされた。なお，有線電話法を廃止して電気通信事業法に統合し，電波法（無線）および有線電気通信法（有線）はそれぞれ一部を改正するにとどめられた。

　放送法等改正案は2010年3月に通常国会に提出された。政府の放送への関与を助長しかねないと野党から反対された『電波監理審議会の機能強化』の条項を削除して衆議院は通過したが，参議院選挙を控えた政局のあおりを受けて審議未了，廃案となった[4]。同年10月，臨時国会に再提出。窮屈な審議日程で成立が危ぶまれるなか，与野党協議で「NHK会長の経営委員会への参加」「クロスメディア所有規制の見直し」の条項を削除して衆議院を通過し，11月26日の参議院本会議で可決，成立。12月3日に公布された。

　改正放送法は2011年6月30日に施行された（一部の規定は前倒しで施行された）。同年7月24日に予定されていたアナログテレビ放送終了に，新法の施行を間に合わせた格好である。

II　新放送法の構成

　前述のとおり，新放送法は4本の放送関連法を統合したもので，廃止する3つの法律の条文を，存続する放送法に移して整理・統合した。新放送法の条文数は，旧放送法の枝番（第○条の2，など）を廃したのに伴う増加を含め，59（枝番を含めると153）から193に大幅に増えた。

　新放送法の章立ては，第1章「総則」，第2章「放送番組の編集等に関する通則」，第3章「日本放送協会（NHK）」，第4章「放送大学学園」，第5章「基幹放送」，第6章「一般放送」，第7章「有料放送」，第8章「認定放送持株会社」，第9章「放送番組センター」，第10章「雑則」，第11章「罰則」となっている。第5章と第6章は，新放送法で放送の定義を変更したり，放送の中に新たな区分を設けたため新設された章である。

　条文の整理・統合を基本としたため，第1条「目的」，第3条「放送番組編

集の自由」など放送法の骨格を形成する重要な規律や条文はそのまま引き継がれた。第4条「国内放送等の放送番組の編集等」(「公序良俗」,「政治的公平」,「事実を曲げない報道」,「多角的論点の提示」を求める倫理規定で『番組編集準則』と称する)，第5条「番組基準の策定」，第6条「放送番組審議機関の設置」，第9条「訂正放送」，第10条「放送番組の保存」，第12条「広告放送の識別のための措置」，第13条「候補者放送」などの諸規定にも変更はない。放送法にはさまざまな規律が定められているが，具体的な実現のありようは放送事業者の自主自律を大前提とするところに大きな特徴があり，その精神は新法にも引き継がれている。

ここからは新放送法における主な改正事項を概説する。

II-1　放送の定義は「狭義」から「広義」へ

旧放送法における「放送」には，無線系の放送メディアである地上放送（ラジオ，テレビ）と特別衛星放送（衛星の軌道位置が東経110度であるBS放送，110度CS放送）が該当していた。有線系の放送メディアである有線テレビジョン放送（ケーブルテレビ），有線役務利用放送（IPマルチキャスト放送）は，無線系の「放送」とは異なる区分と位置づけていた。有線役務利用放送とは，通信インフラを使った放送のことである。

放送関連4法を統合した新放送法では，「放送」の範囲に有線テレビジョン放送，有線役務利用放送，一般衛星放送（軌道位置が東経110度以外のCS放送）を含めることとし，それに伴い，「放送」の定義が変更された。「公衆によって直接受信されることを目的とした無線通信の送信」とする従来の定義の下線部を「電気通信」に改めることで，範囲を有線系まで拡大したわけだ。

「電気通信の送信」という定義は，すでに旧電気通信役務利用放送（2001年施行）の定義で採用されており，したがって新放送法は，放送の範囲を狭義（＝無線の放送）から広義（＝無線および有線の放送）に広げたものといえる。

2010年の放送法改正案の国会審議で，「放送」の範囲に関する質疑が交わされている。法律上の定義だけでは放送の範囲が明確に読み取れないとする議員

の質問に，内藤正光総務副大臣（当時）は，『公衆』，『直接』，『送信』という３つのキーワードで，こう説明している[5]）。

① 『公衆』とは限定をしない，不特定多数の者ということで，送信要求をかけた時点で特定の者になるので放送の定義規定から外れる。
② 『直接』とは，送信者と受信者との間に第三者が介在しないことを意味する。
③ 『送信』とは複数の送信行為ではなく，あくまで一つの送信行為である。
④ 『公衆』『直接』『送信』の文言から，同じ情報を同時かつ一斉に，受信者からの要求に応じることなくという意味が汲み取れる。

　受信希望者（ユーザー）側の要求（アクセス）に応じて送信側が動画データなどを送信するという1対1の対応関係があるものは「通信」に該当し，「放送」には該当しないという法解釈である。リアルタイムのストリーミングは，送信側（番組提供者）がタイムスケジュールに沿って情報・コンテンツを送信し，受信側は同時に視聴するところは有線放送と同じだが，受信希望者の要求でコンテンツが送信されるため「通信」に区分されることになる。この「放送」の範囲に関する総務省の法解釈は旧放送法下における解釈と変わっておらず，その意味において，新放送法においても「放送」と「通信」の境界線に変更はない。
　新放送法第176条第1項は，「この法律の規定は…（中略）役務の提供範囲，提供条件等に照らして受信者の利益及び放送の健全な発達を阻害するおそれがないものとして総務省令で定める放送については，適用しない」と定め，総務省令（放送法施行規則第183条第1項第8号）で，放送番組の送信時の伝送速度が毎秒4メガビット以下の有線一般放送を適用除外としている。つまり，放送法の規律の適用を受ける放送と受けない放送の境界を，送信時の伝送速度で区分していることになる。
　伝送速度で切り分けるという手法は，新放送法に統合された旧電気通信役務利用放送法および同法施行規則での規定を概ね踏襲している[6]）。

放送法等改正案の国会提出後，個人のブログや個人による動画配信に放送並みの規律がかかるのではないか，という懸念がインターネットのユーザーの間に広がった。インターネットを使った動画配信サービスが普及・拡大していく中で，事実上の「放送」と「非放送」の境界を制度でどう定めるかは，引き続き重要な論点であろう。

II-2　「基幹放送」と「一般放送」

　新放送法は無線系と有線系の放送メディアを「放送」に統合したうえで，「基幹放送」と「一般放送」の2つの区分を設けている。基幹放送の定義は「放送をする無線局に専ら又は優先的に割り当てられるものとされた周波数の電波を利用する放送」(新放送法第2条第2号)であり，簡略にいえば「無線の放送用に割り当てられた周波数を使う放送」ということになる。基幹放送普及計画(旧制度における放送普及基本計画を名称変更)の対象となる無線系の放送が該当し，具体的には① 地上基幹放送 (中波，超短波〈FM〉，短波，テレビ)，② 移動受信用地上基幹放送，③ 衛星基幹放送が該当する。①には市町村単位の放送であるコミュニティ放送 (FM) も含まれる。②はマルチメディア放送のことで，今のところ地上アナログテレビ放送の跡地を使う V-High マルチメディア放送や V-Low マルチメディア放送が該当する。③は旧制度における特別衛星放送のことで，BS 放送および110度 CS 放送が該当し，これには無料放送，有料放送ともに含まれる。基幹放送というと地上放送の印象が強いせいか，基幹放送＝無料放送と考えがちだが，有料・無料の財源の違いは放送の区分に関係しない。

　一般放送の定義は「基幹放送以外の放送」で，旧制度における有線テレビジョン放送や電気通信役務利用放送といった有線系の放送と，一般衛星放送 (軌道位置が東経110度以外の CS 放送) が該当する。地上テレビ放送用の周波数のホワイトスペースを利用した新たな放送 (＝エリア放送) は一般放送に区分される。ホワイトスペースとは，すでに放送用など特定の目的に使われているが，地理的条件などによって，他の目的にも利用できる周波数帯をいう。

図表6-1 基幹放送と一般放送

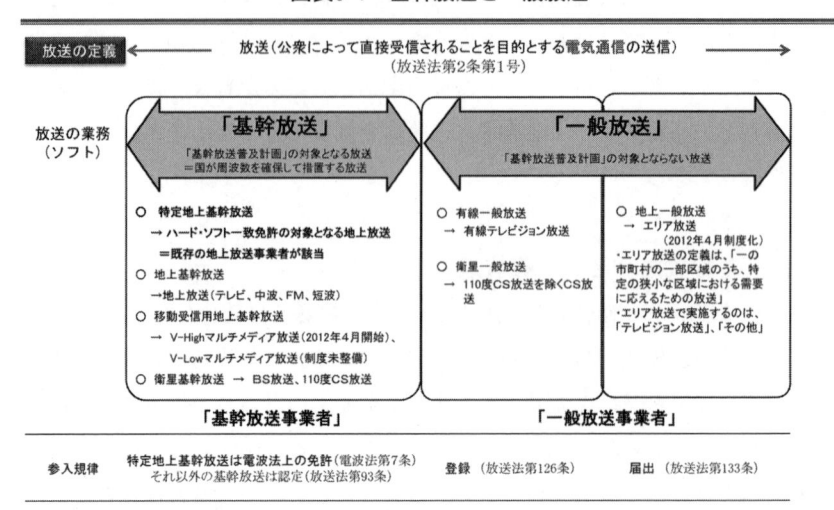

放送の定義	放送（公衆によって直接受信されることを目的とする電気通信の送信） （放送法第2条第1号）	
放送の業務 （ソフト）	「基幹放送」 「基幹放送普及計画」の対象となる放送 ＝国が周波数を確保して措置する放送	「一般放送」 「基幹放送普及計画」の対象とならない放送
	○ 特定地上基幹放送 → ハード・ソフト一致免許の対象となる地上放送 ＝既存の地上放送事業者が該当 ○ 地上基幹放送 → 地上放送（テレビ、中波、FM、短波） ○ 移動受信用地上基幹放送 → V-Highマルチメディア放送（2012年4月開始）、 V-Lowマルチメディア放送（制度未整備） ○ 衛星基幹放送 → BS放送、110度CS放送	○ 有線一般放送 → 有線テレビジョン放送 ○ 衛星一般放送 → 110度CS放送を除くCS放送	○ 地上一般放送 → エリア放送 （2012年4月制度化） ・エリア放送の定義は、「一の市町村の一部区域のうち、特定の狭小な区域における需要に応えるための放送」 ・エリア放送で実施するのは、「テレビジョン放送」、「その他」
	「基幹放送事業者」	「一般放送事業者」
参入規律	特定地上基幹放送は電波法上の免許（電波法第7条） それ以外の基幹放送は認定（放送法第93条）	登録（放送法第126条） 届出（放送法第133条）

　基幹放送と一般放送の区分をまとめたのが図表6-1である。前述のように基幹放送は「基幹放送普及計画」の対象となる放送で，換言すれば，国が必要な周波数を確保してチャンネル数の目標を定める放送である。参入規律は基幹放送が免許・認定，一般放送が登録・届出であり，一般放送のほうが参入・退出が容易になっている。番組規律に関しては，基幹放送は一般放送に比べ厳しい規律が課されている。たとえば，テレビジョン放送の番組調和原則，災害放送義務といった規律は，基幹放送は対象となるが一般放送には課されていない。ただし，番組準則（公序良俗，政治的公平，事実の報道，多角的論点）は基幹放送，一般放送ともに適用される。

　制度の基本的枠組みとして，基幹放送は従前の放送法の制度を，一般放送は従前の電気通信役務利用放送法の制度を，それぞれ踏襲したといえる。

　なお，旧放送法において民間放送事業者の呼称は「一般放送事業者」だが，新放送法において一般放送事業者とは現在の有線テレビジョン放送事業者や電気通信役務利用放送事業者を意味するようになった。新放送法上は民間放送事業者をそのまま表示する呼称はなくなり，たとえば「日本放送協会および放送

大学学園を除く基幹放送事業者」という表記になる[7]。

Ⅱ-3　ハード・ソフト分離型も選択可能に

　地上放送におけるハード・ソフト一致の原則を見直すかどうかは，長らく放送法制の論点の一つとなっていたが，新放送法はその議論に終止符を打つものとなった。

　新放送法および改正電波法によって，すべての放送メディアの業務開始手続きについてハード（送信設備）とソフト（放送業務）を分離したうえで，いずれか一方の事業だけを手掛けるか，もしくは両方の事業を手掛けるかを事業者が選択できるようにした。

　地上放送に関しては，ハードとソフトをともに手掛ける事業者を「特定地上基幹放送事業者」と位置づけ，その業務開始の手続きは電波法に基づく免許型を存続させた。換言すると，地上放送の業務開始手続きは，ハード・ソフト一致による事業運営を行う場合は旧制度と同じであり，ハードだけ，もしくはソフトだけの事業展開を行う場合のために分離型の新たな手続きが新設されたことになる。地上放送におけるハード・ソフト分離型の第1号は，茨城県域の中波ラジオ局の茨城放送である。同社は2011年7月，総務省への申請・認可を経て，ラジオ免許と送信部門を同社子会社に承継させて基幹放送局提供事業者とし，茨城放送は地上基幹放送事業者となった。

　基幹放送の業務開始手続きは，ソフト事業者については放送法に基づく基幹放送事業者の認定，ハード事業者については旧制度と同じく電波法に基づく放送用無線局の免許となる。旧制度において衛星放送は，ソフトとハードを別の事業者が手掛けることを前提とした「委託・受託放送制度」を適用されていたが，新法でソフト・ハードの両方を同じ事業者が手掛けることが認められたため，委託・受託放送制度は廃止された。

　新制度におけるハード事業者の呼称は受託放送事業者ではなく「基幹放送局提供事業者」と変更された。基幹放送局提供事業者は電気通信事業者ではあるが，電気通信事業法に定める「役務の提供義務」は適用されず，基幹放送事業

者に対してのみ送信設備などのハードを提供する事業者である。

II-4　マスメディア集中排除原則の法定化

　1の者(企業・団体，個人)が支配できる放送事業者の数を「1」に制限する「マスメディア集中排除原則」(以下，「マス排」)について，新放送法で重要な見直しがされている。旧制度では同原則に関するすべての規制内容を総務省令で規定していたが，新放送法への移行にあたり，基本的な事項を法律で定めるように改められた。2009年夏に政権与党に就いた民主党が野党の時代から，マス排の規制は法定化すべきと主張していたことが反映されたものである。

　ある放送局を支配している者が他の放送局に出資する場合の「2局目以降」の議決権保有比率上限(旧制度では，同じ地域内は「10％以下」，異なる地域間は「20％未満」)を省令で定めるという手法は新放送法でも変わらないが，省令で定めることができる上限を「3分の1未満」と法律で定めた。一般的には法律で上限を定めることは規制強化にあたるが，前述の出資上限を「3分の1未満」までは緩和してもよいとの法律のお墨付きができたとも考えられる。

　当然ながら，旧制度で認められていた「ラジオ・テレビ兼営」，「認定放送持株会社の子会社放送局(12局相当まで)」といった従来からの特例は継続された。特例の根拠規定は，新放送法第93条1項4号である。

　新法の成立を受け，省令で具体的な緩和が行われた。それが，①放送エリアに関係なく1事業者が支配・所有できるラジオ局数の上限は「4」とする，②異なるエリアの放送局に対する議決権保有比率上限を従来の「20％未満」から「33.33333％」に引き上げる，の2点である。民放ラジオ局の厳しい経営状況や民放事業者の要望などを勘案して，総務省が規制緩和に踏み切ったものである[8]。

　また，新放送法ではケーブルテレビなどの一般放送に関する参入規制が大幅に緩和され，その一環として一般放送に関するマス排が全廃された。旧制度では地上テレビ放送とケーブルテレビの兼営は極めて限定的にしか認められなかったが，一般放送に関する参入規制の全廃で，たとえば地域における地上波と

ケーブルテレビの経営の一体化も可能になった。地域におけるメディアの統合・再編にもつながる，極めて重要な規制緩和である9)。

一方，マス排に関しては規制強化の措置もとられた。マス排は免許・再免許時に適合していれば足りる規律とされていたのを，免許期間中を含め常時順守を義務付けた。違反に対して，総務大臣は放送局の運用制限（電波発射の停止等）を命じるなどの行政処分を科すことができるようになった。この行政処分の発動には，放送法や電波法の違反に対する行政処分と同様，電波監理審議会への諮問などの手続きは必要とされない。これも，放送法・電波法における今後の論点の一つである。

なお，「クロスメディア所有規制の見直し」と称して，新聞・テレビ・ラジオ（中波またはFM）の3事業支配の禁止規定の検討が放送法改正案の附則に盛り込まれたが，国会審議の過程で削除された。

II-5 放送設備の安全・信頼性に関する技術基準

放送事故をできるだけ防ぐために，放送局の設備の安全や信頼性に関する技術基準を強化したほか，放送局からの電波発射が長時間中断（いわゆる「停波」）するなどの重大事故の報告を義務付ける規定を新設した。2011年3月11日の東日本大震災において，長時間の停電によって小規模な中継局が停波したり，津波で中継局設備に被害が出たため，放送設備の停電対策や津波対策などの技術基準も新設された。大規模災害への備えを確かなものにするための制度整備であるが，免許・再免許の審査で過剰な設備負担を放送事業者に強いることのないよう留意すべきであろう。

II-6 放送番組の種別等の公表制度

放送法は総合編成によるテレビ放送（地上放送，衛星放送）について「番組調和原則」という規律を定め，教育，教養，報道，娯楽の4つのジャンルの番組をバランスよく放送することを放送事業者に義務付けてきた。そのうえで新放送法は，総合編成によるテレビ放送について，放送番組の種別や種別ごとの

放送時間量の公表をテレビ放送事業者に義務付けた。番組調和原則が実態として守られているかどうかを世間の目で確認してもらおうという、いわゆる"見える化"が制度のねらいだ[10]。

テレビ放送事業者は自社の番組審議会に諮りながら、個々の番組の種別や、種別ごとの放送時間量を自社のホームページで公表する。公表の対象となる放送期間は省令に定めがあり、毎月第3週の放送番組を集計し、年2回、それぞれ半年分を自社のホームページなどで公表する。放送事業者の公表は2011年10月から概ね始まっている。

基幹放送であっても、番組調和原則の対象とならない、テレビの専門放送、ラジオ放送、アナログテレビ放送の跡地を利用したマルチメディア放送には、番組種別等の公表制度は適用されない。一般放送にも適用されない。

II-7 再放送に関する新たな紛争処理制度

この「再放送」は、"番組を後日、再放送する"という一般的な使われ方ではなく、旧制度におけるケーブルテレビによる放送の「再送信」を、「再放送」と言い換えるようにしたものだ。「再送信」は旧有線テレビジョン放送法上の用語なので、同法を廃止して放送法に統合したのに伴い、「再送信」という用語を廃して、放送法上の「再放送」に統一された。(有線系の) 放送が (無線系の) 放送を「再放送」するという意味で、実質は旧制度における「再送信」と同義である。

ケーブルテレビによる地上テレビ放送の区域外再放送 (再送信) の同意をめぐって、当事者双方の協議が不調に終わった場合の紛争処理の手法として、総務省の電気通信紛争処理委員会による「あっせん・仲裁制度」が適用されることになった。旧制度における紛争処理の手法は、同意を得られなかったケーブルテレビ事業者側だけが申請できる大臣裁定制度のみであったが、あっせん・仲裁制度は大臣裁定に至る前段のスキームとして、活用が期待されるところである。

II-8　通信・放送両用無線局制度の導入

　電波を使った新規ビジネスの創出を目的に，電波法を改正して無線局の用途変更を認めるもので，2011年改正の目玉とされた規制緩和策である。「通信・放送両用免許制度」とも呼ばれ，放送用に割り当てられた周波数を使って特定の相手だけに情報を送信する電気通信業務を行ったり，その逆に携帯電話など電気通信業務用の周波数を使って放送業務（＝一般放送）を行えるようになった。

　用途変更はすでに周波数を割り当てられた既存の免許人（放送でいえば放送事業者）が行政に登録を申請したり，届出を行ったりしなければならない。既存免許人が自らの発意で用途変更を申請するところが，この制度のポイントである。

　放送の電波に関しては，深夜帯で番組の放送休止時間があればそこを使って動画情報のダウンロードサービスをしたり，さまざまな情報を放送波に載せて街中のあちこちに置いた電子看板（デジタルサイネージ）に配信するサービスなどが研究・検討されている。あくまで本業に支障を与えないことが省令で義務付けられており，たとえばテレビ放送の電波を使って電気通信業務を行う場合は，緊急災害時の放送に制約を与えないことなどが前提である。

III　2011年改正と，次の放送法改正のテーマ

　通信・放送法制の抜本的見直しが必要な理由として，しばしばもち出されたキーワードが「通信と放送の融合」である。テレビ番組を高速・大容量の通信回線で送れるようになったり（＝伝送路の融合），携帯電話でテレビ放送のワンセグを視聴できるようになったり（＝受信端末の融合）することが「融合」の典型例とされた。伝送路と端末においては融合の実態がみて取れたことになる。では，情報の内容（コンテンツ）に関しては，どうか。法体系再編で論争となったのが「コンテンツ規律」である。インターネットを経由した「リアルタイム・ストリーミング」は，その同報性などから極めて放送に類似したサー

ビス形態であり，こうした"放送類似の通信サービス"のコンテンツに対し，放送番組の規律を適用することの是非が争点となった。

情報通信審議会が2009年8月に公表した「通信・放送の法体系の在り方に関する答申」では，"放送類似の通信サービス"は通信の範疇に留めて番組規律を適用しないこととされ，コンテンツ規律は有線・無線といった伝送路の別や情報配信のタイミングといった送信形態の別に対応するという，従来の仕組みが踏襲された。換言すれば，コンテンツ規律に関しては，通信と放送は融合しないことが再確認されたともいえよう。こうした結論から，通信・放送法制の抜本的見直しを掲げた再編論議は，放送法を主軸とした放送関連4法の統合に落ち着くことになった。

前述のとおり，放送関連4法の統合は，「放送」の範囲を有線系の放送メディア（有線テレビジョン放送，有線役務利用放送）まで拡大し，基幹放送，一般放送の区分を新たに設け，地上放送においてもハード・ソフト分離型の事業形態を可能としたことがポイントである。ハード・ソフト一致型による放送局免許の対象となる既存の形態は「特定地上基幹放送」の名称で制度化して，一致・分離のいずれも選択できるようにした。旧制度で地上放送の業務開始手続きは放送局免許の取得のみで，免許申請の提出書類で番組関連の事項を聞かれるにしても，それはあくまでハード免許の審査に紐づけられたものであり，放送内容を直接審査することには当たらないと解釈されてきた。一方，分離型は旧制度においてすでに衛星放送などで採用されてきたが，地上放送に分離型を導入することで，放送業務（ソフト業務）の認定の審査，放送法違反を理由とした総務大臣の業務停止命令（第174条）などが，放送制度の論点としてあらためてクローズアップされた[11]。

また，"放送法の電波法化"という表現は大げさに過ぎるかもしれないが，従来は電波法に置くのが通例だった放送設備関連の規定を放送法で定めたり，有料放送に関する利用者保護の規定を電気通信事業法を参考にしながら放送法に盛り込むなど，放送に関する諸規律はすべて放送法に取り込むという方向性がうかがえる。認定放送持株会社制度を導入した2008年改正に続き，60年ぶり

と称される2011年改正によって，放送法は事業法的な色合いがさらに強まった観がある。

　一連の法体系再編の論議の中で除外されてきたのが，NTTとNHKの在り方である。NHKはかねてから，デジタル時代においても公共放送としての役割を十全に果たしたいとの趣旨で，NHK業務の在り方の議論を総務省などに求めてきた。福地茂NHK会長（当時）は2010年5月21日，衆議院総務委員会での放送法等改正案の審議に参考人として招かれ，次の発言を行っている。

　「この法律案につきましては，放送と通信の融合が急速に進展していますことを踏まえ，伝送路ごとに異なる現行の縦割りの規制体系の見直しが必要ではないかというご議論がきっかけであったと認識をしております。法改正に向けた本格的な議論が始まり既に4年となりますが，その間も，私ども日々環境の変化を実感しておりまして，公共放送も融合時代に対応して変わらなければ，早晩，視聴者の期待にこたえられなくなると心配もいたしております。今回の法改正の検討は規制体系全体の見直しに主眼が置かれまして，特殊法人であるNHKの業務の内容などにつきましては，基本的には検討対象から外れております。しかし冒頭にも申しましたように，放送・通信の融合は急速に進展しております。例えば，受信端末は放送・通信の融合により急速に多機能化しておりますし，視聴者の方々からは，なぜインターネットでNHKの番組が流れないのかといったお問い合わせを受けるようにもなりました。多様な公共放送番組を国民にあまねくお届けする私どもNHKの役割を十全に果たすためには，いや応なしに，インターネットを含むさまざまな伝送経路を積極活用していくことが不可欠となってきているわけでございます。それには制度整備を要するものも出てまいります。以上のような点も含め，NHKの業務につきましても速やかに必要な検討が行われますことを期待いたしまして，私の意見とさせていただきます。」

　福地会長はこの後も定例会見などで，将来的にはNHKの放送番組を放送と同時にインターネットで配信したい考えを表明し，放送法改正が必要なことに

言及している。放送番組のインターネット同時配信によって，インターネット端末がすべて受信料徴収の対象となりうるのであれば，現在の受信料制度が行き詰まる事態が想定される。NHK自らが会長の諮問機関として「NHK受信料制度等専門調査会」（以下，調査会）を2010年9月に立ち上げ，「フルデジタル時代における受信料制度およびその運用のあり方」を検討したのは，そうした問題意識からであった。

　デジタル放送への完全移行（被災3県を除く）を目前に控えた2011年7月，調査会はNHKの将来を構想した報告書を公表した。中期的な視野でNHKの業務と財源のあり方を検討し，フルデジタル時代にNHKが担う機能・役割から「伝送路中立的」なあり方を理念モデルとして導き出し，地上2波および衛星2波のテレビ番組のインターネット同時配信の必然性などを説いている。この調査会報告書に対しては，日本民間放送連盟が「受信料収入を財源としてインターネット同時配信を行うことの適否は，NHKが公共放送として担うべき業務の範囲などが十分吟味された上で議論されるべきと考える」などとする見解を発表している。

　一方，ラジオ放送については，東京・大阪の民放ラジオ社が2010年3月にインターネット同時配信サービスの「radiko」を開始し，2012年1月末時点で民放ラジオ100社のうち半数を超える54社が実施するに至っている。都市部のビル陰など電波が届きにくい難聴地域でも高音質で聴けるためユーザーにも好評で，ラジオリスナーの拡大に一役買っている。

　radikoの成功に触発されて，NHKも2011年9月から2年の期限付きでラジオ放送の同時配信（サービス名は「らじる★らじる」）を開始した。放送法はNHK番組のインターネット同時配信は認めていないが，ラジオのインターネット同時配信は「特認業務」として総務大臣の認可を受けて実施している。あくまで特例扱いであり，2年間の試行期間の実績を検証して，期限後の扱いを決めることになる。これが放送法改正の議論のきっかけになる可能性もある。

　NHKの業務と財源の在り方は，次の放送法改正のテーマとなるだろう。

●注●
1） 「放送法等の一部を改正する法律」は合計30の改正法の総称であり，「等」には電波法，電気通信事業法，公職選挙法などが含まれる。
2） 2002年日韓ワールドカップサッカー大会で民放テレビは通常の系列を越えた臨時の全国ネットワークを組んだので，日本戦が地上波テレビで見られない地区はなかった。
3） 「通信・放送の総合的な法体系に関する研究会　中間とりまとめ」に対するパブリックコメントの結果（同研究会第13回会合［2007年8月10日］配付資料）参照。
4） 「電波監理審議会の機能強化」とは，電波監理審議会に放送行政全般に関して総務大臣に建議できる権限を与えるもので，総務省は放送行政に対するチェック機能を強めることが目的と説明していた。2010年5月21日の衆議院総務委員会で参考人として出席した，NHKの小丸経営委員長ならびに福地会長，民放連の広瀬会長，弁護士の日隅一雄氏，メディア評論家の山本博史氏からはそれぞれ，「電波監理審議会の機能強化」に対する反対や強い懸念が示された。
5） 衆議院総務委員会（2010年5月25日）で，塩川鉄也議員（共産）の質問に対する政府答弁。
6） 旧電気通信役務利用放送法はいわゆる「リニア型」のインターネットの動画配信を電気通信役務利用放送としたうえで，一定の基準に満たない小規模のサービスを同法の適用除外として同法の規定を適用しないとした（旧電気通信役務利用放送法第22条第1項第3号）。一定の基準は省令で定めていた（旧電気通信役務利用放送法施行規則第38条第4項第3号）。
7） 地上基幹放送や衛星基幹放送などのチャンネル数を定める基幹放送普及計画（旧制度では放送普及基本計画）では，「民間基幹放送事業者」との用語が使われている。
8） 社団法人日本民間放送連盟（民放連）は2010年1月20日，広瀬道貞会長名による「マスメディア集中排除原則に関する要望」を片山総務大臣に提出。出資比率上限について，ラジオは撤廃，テレビは底上げを求めた。
9） 旧有線テレビジョン放送法関係審査基準で，地上民放事業者が有線テレビジョン放送施設の設置が認められるのは，①他に施設を設置しようとする者がいない，②当該地域の住民から施設の設置について強い要望がある，ことが条件とされていた。
10） ことの発端は，テレビの通販番組（ショッピング番組）の制度上の分類が国会審議で取り上げられたことにある。
11） 放送法等改正案の国会審議では，2010年5月18日の衆院総務委員会での塩川鉄也議員（共産）の質問に対する政府答弁などがあった。

第 2 部

放送番組と視聴者・聴取者
―その現在と将来

第7章
テレビ番組の社会的機能と
その将来
―娯楽番組をめぐって―

中町　綾子

I　放送番組の社会的機能

　テレビの社会的機能についてはこれまでの研究においても幾度となく言及されてきた。そして，それは現在においてもそう大きく変わるところではない。ただ，いみじくもマーシャル・マクルーハンが「メディアはメッセージだ」[1]と指摘したように，社会的機能論はテレビというメディアと社会との関係を総論的に考察するものであった。そこでここでは「テレビ」を「番組」にブレイクダウンして，その機能を再検証してみたい。

　今，テレビはソーシャルメディアとの関係で多くのことを問われているが，テレビがその本質的機能を番組においてどれだけ実践しているかを問わなければ，現実の，そして将来への問いには答えられないだろう。

　本章では，以上の問題意識に従ってテレビ番組の現況をその本質に照らして具体的に見ていきたい。

II　テレビの今日性（時事性）とコミュニケーション活動としての機能

　テレビはつねに時代との密接な関係が意識されるものとしてあった。ニュース報道は日々の出来事を伝えるジャーナリズムそのものであり，ドキュメンタリーは取材者がとらえる時代と人間の記録である。また，バラエティもあらゆ

る情報や芸をおもしろくみせるその感覚が深く時代と関わっている。テレビドラマはどうか。ドラマもまた時代との深い関係の中に制作され，視聴されるものである。

　たとえば，テレビドラマ制作者がどのように時代を意識しているのかを紹介してみたい。TBS の金曜ドラマ枠は，1972年以降140本を超える連続ドラマを制作している。この放送枠の担当者でもあった演出家・プロデューサーの大山勝美は，テレビは「時代を映す鏡」であり，テレビ番組は社会や文化・芸能活動の「時代の証言者」とする[2]。また，ヒット作「寺内貫太郎一家」(TBS, 1974年) をはじめとするホームドラマを数多く演出した久世光彦は，たとえば「寺内貫太郎一家」で，下町に暮らす巨漢の頑固おやじをドラマに登場させる。70年代，都市での高度経済成長，核家族化が進む時代に，失われた家族の姿を描く。これもまた今という時代を逆照射するかたちで意識するドラマである。NHK の朝の連続テレビ小説「おしん」(1984年) をプロデュースした小林由紀子は，テレビドラマのプロデューサーは，「常に半歩先，一歩先の時代を読まなければならない」としている[3]。

　テレビドラマの歴史を振り返る時，優れたテレビドラマの多くは，そこに人間の普遍を見出そうとする一方で，その時代を生きる人の気持ちを導き出し，確認しようとするものとしてあった。

　これらのことを思うにつけ，意識されるのがマスメディアの役割である。アメリカのマスコミュニケーション論の先駆者，ハロルド・D・ラスウェルは，コミュニケーションの果たす機能として，以下の1～3を取り上げ[4]，後にチャールズ・R・ライトが「娯楽の提供」を加えた[5]。

　1 「環境の監視」(ニュースの伝達)
　2 「環境に反応するさいの社会諸部分の相互の関連づけ」(解説の提供)
　3 「世代から世代への社会的遺産の伝達」(教育・教養の提供)
　4 「娯楽の提供」

この古典的機能論に時代という言葉は使われていないが，いずれも，日々を，現在を生きていくために求められる機能である。
　以上のような時代との密接な関係，果たす機能・役割のもとに，テレビはメディアとしてどのようにその存在価値を示してきたか。ここで重要なことは，マスコミ研究における社会的な機能論を参照して，それをテレビに適用することではない。その機能がテレビ番組においてどのようなかたちで実践されているかを明らかにすることである。

Ⅲ　表現手段，情報伝達手段としてのテレビ番組の特質　　（確認された機能・特質）

　Ⅱで述べたことだが，テレビ番組の多くのジャンルは，時代と密接な関係にあり，その時代との関係においてコミュニケーションの機能を果たしていることは疑いのないことである。では，メディアとしてどのような方法（表現手段）を通してか。他の媒体との違いも参照しつつ，テレビの表現手段，情報伝達手段の特質を探ってみたい。ここでは，その特質を3つの視点から考える。

Ⅲ-1　人間の魅力を通して
　テレビが映像と音声を通して伝えるものは何か。圧倒的なのは，人の姿と人の声である。人の姿，声といっても，確かにその映像・音声はその記録と再現である。しかし，それは活字媒体等における文字に比べても，著しく総合的に「その人」を伝える。テレビ番組に映し出される人間は，その体温は伝わらずとも，その人の放つ「雰囲気」までをも伝えるものとなっている。
　テレビ報道番組にキャスターが登場するのは，テレビにおいては，ニュースを伝える人物がいかなる人であるかを伝えるがゆえのことだろう。ニュース番組においては，ニュースを伝える人に，たとえば信頼のおける話し方や姿が求められる。また，伝える人に個性や自分の意見をもった人物が求められることとなる[6]。

アイドルスターはしばしば，テレビが伝えてしまう「人間」の存在感の大きさに戸惑いもした。テレビは多くのスターを生んできたが，たとえば，アイドルスターがテレビ番組を通して伝わる自分の姿に気づくとき，それが生身の自分を超えたものにさえ感じることにもなる。ここでは，テレビを通して伝えられる人物像と実際との隔たりを問うよりも，テレビを通して伝えられる「人」の存在感の大きさがテレビの特徴によるということのほうが重要である。

　翻って，ニュース番組においてのキャスターがそうであるように，テレビ番組の多くはそこに伝わる人間の魅力を通して多くを伝えている。すなわち，人間がコミュニケーションの機能を果たす。バラエティ番組における芸人の存在感はいうまでもない。ドラマは人間の姿を通して多くを語る。興味深いのは，テレビドラマにおける映像論の一説である。これを紹介して，この節を締めくくりたい。「テレビっていうのは切っても切っても人なんですよ」(和田勉)[7]。

Ⅲ-2　家族の価値を通して

　テレビ番組は家族の価値を通して多くのことを伝える。それはテレビが普及する際の視聴環境とも無関係ではないだろう。テレビドラマは1960, 70年代において「ホームドラマ」のかたちを得て大ヒット作を生む。当時のドラマは，お茶の間で家族が食事をするシーンを欠かさなかった。家族を描くことを中心とし，あるいは家庭を舞台として，その中で，家族の人間関係をはじめ，家族の恋，青春などあらゆる問題を家族の枠組みの中で伝える。

　この家族の枠組みは，今もなおテレビ番組の大きな力となっている。NHKの連続テレビ小説は家族の物語であり，時代劇においても「篤姫」(2008年)をはじめとして，「家族」の枠組みは依然大きな魅力をもつ。今日的な時事性，社会性をもつドラマにおいてもそうである。「国際ドラマフェスティバル in TOKYO 2009『東京ドラマアウォード・グランプリ』」や「MIPCOM」(国際テレビ番組見本市。仏・カンヌで開催)で『BUYER AWARD for Japanese Drama』を受賞した「アイシテル〜海容」(2009年，日本テレビ放送網)がそうだ。少年が少年を殺める事件を題材とするドラマだ。このドラマは，その被害者家

族と加害者家族の双方それぞれの家族を描き切ることで、ひとつの事件をみつめさせている。プロデューサーの次屋尚は、シンポジウム「国際ドラマフェスティバル in EKODA」[8]でこう述べている。「社会問題としてではなく家族のドラマとして作りました」。大きな社会的な問題にも必ずといっていいほど、家族の問題が関係している。その家族の視点を扱うのがテレビドラマ表現の大きな傾向となっている。

　ニュース番組、報道番組においても、家族の価値を通して、ニュースを伝えるものが見受けられる。『週刊こどもニュース』（NHK、1994～2010年）は、1週間に起こった出来事や社会問題を、お父さん、お母さんと子ども3人の家族の話題として消化し、伝えている。社会で起こる出来事を家族の問題として捉え直す。その最たる例である。

Ⅲ-3　参加を通して

　テレビ番組は、しばしば視聴者が参加できる空間をつくっている。現在も、バラエティ番組を中心に視聴者観覧のかたちをとる番組が少なくない。歌番組であっても、スタジオでの収録に観客として視聴者を参加させる。これはテレビ番組の放送開始当初から行われていることである。上滝徹也はバラエティにおける「テレビ初発の動機」として、日本テレビ放送網社長の言を「『明るく、楽しいプログラムの提供』を約束した」（1953年8月）とし、その実践として数多くの視聴者参加番組、公開（録画）番組の存在をあげている[9]。テレビ番組が、参加できるもの、いわば開かれた空間[10]たりうることは、その存在価値ともいえる特徴でもある。上滝は、「欽ちゃんのドンとやってみよう！」（1975～80年、フジテレビ）は、視聴者のハガキをもとにしたコントラジオの投稿番組をひきつぐものだが、テレビはそれを視聴者やお笑いの素人にツッコミを入れる形にして、新たなお笑い番組を開発したとしている[11]。

　また、テレビ番組は番組の重層的な情報のありようによって、多くの人が関われる（参加できる）機会を備えている。「トレンディドラマ」を例にしてみる。トレンディドラマは、1980年代末から1990年代にかけて人気を博した恋愛ドラ

マのスタイルである。このスタイルをつくったプロデューサー・太多亮（フジテレビジョン）は，その3つの要素として「ファッション，音楽，ロケーション」をあげる[12]。恋愛ドラマというストーリーを楽しむ，セリフを楽しむ，俳優を楽しむ，流行のファッション，都市の情景（としての情報），音楽エンタテイメントを楽しむ。その情報の重層性が，テレビドラマの表現を豊かにしていた。バラエティ番組では，たとえば「鶴瓶の家族に乾杯」（NHK，1995年〜）である。笑福亭鶴瓶がゲストとある町（多くの場合地方の町）を訪ね，そこに暮らす家族の話を聞いてまわる。番組は，家族や人生といったエピソードの中に人間の暮らしを伝え，産業，歴史などの地域情報をみせ，日本の現在を伝え，鶴瓶の話術を楽しませる。そして，最後はさだまさしのテーマ曲を聞かせて終わる。これらが混然となったところに，テレビ番組としての特徴，あるいはテレビ番組としての魅力が発揮されている。多くの人がそれぞれの関わり方（参加の仕方）を可能にするものとして，テレビ番組にその存在価値を与えている。

　テレビにおける総合編成は，放送法に謳われるところである。放送局は，教養番組又は教育番組，報道番組，娯楽番組を設け，放送番組の相互間の調和を保つよう定められている（第3条の2第2項）。しかし，ここで確認したいのは，ひとつの番組がすでに，複数（複数の情報，複数のジャンル，複数の機能）の要素を詰め込んで成立している点である。そして，そのことが多くの人に番組への参加（関与，興味関心）を引き起こさせていることである。

Ⅳ　テレビ番組の現在と可能性（中継の思想と多様性をめぐって）

　近年のメディア環境の変化とそれが視聴者に及ぼす変化は，テレビ番組の質にも大きな変化をもたらしている。その変容については次章で触れられるところである。本節では，地上波のテレビ番組から失われた表現のいくつかについて再検討してみたい。その上で，現在放送されるいくつかの番組について表現の特質をみることとする。デジタル放送への移行は，結果としてBSテレビの視聴を広げることとなった。チャンネル数の増加によりテレビ番組の多様性が

広がったことは確かである。BSデジタル放送の番組には、かつての地上波の番組にみられた表現の新しいかたちでの実践がみてとれる。

Ⅳ-1　テレビにおける中継の魅力

　メディア固有の表現は技術革新とともに開拓される。新しいメディアの登場期にはまだその表現は未開拓で、しばしば先行メディアのソフトが転用される。テレビの先行メディアは、娯楽においてはたとえばスポーツ、演劇、演芸の舞台がそうであった。中継番組が制作され、競技場や劇場に行かずとも、スポーツ観戦が出来、演劇鑑賞が出来、演芸を楽しむことが出来るようになった[13]。このテレビにおける中継は報道においても圧倒的な力を発揮する。このことは、「中継の思想」として知られるところである。『お前はただの現在にすぎない～テレビに何が可能か』の終章は、1969年1月の東大安田講堂事件の中継と視聴の在り方から、テレビへの期待について次のような結論を導いている。「人びとは事件の生起から終結までを持続して見たい——ということを。そしてテレビジョンとは、それが可能な媒体なのである。これで三つのことがわかった。人々は〈遠く〉を、〈現在〉、〈持続〉して見たいのである。」[14]。離れた場所にあるものを〈現在〉の時間間隔で見る。〈持続〉、つまり経過の見守りを通して出来事を意義づける。そんなテレビ番組の在り方は、報道以外の番組制作にも見てとれた。

　たとえば、1970年代から80年代に放送された音楽番組「ザ・ベストテン」（1978～89年、TBS）には、生放送で〈現在〉を伝える緊張感があった。その時点のヒットチャートを放送時間現在（木曜9時）の歌手の状況とともに伝える。スタジオからの生放送だけではなく、コンサート会場やドラマの収録現場、時には移動途中の駅構内からの中継が盛り込まれた。

　また、〈現在〉を〈持続〉して見る、つまり過程を見つめることの価値はバラエティ番組の手法として多くのヒットを生んだ。公開オーディション番組「スター誕生！」（1971～83年、日本テレビ放送網）をはじめ後にも多くの視聴者参加番組を生んでいく。また、1980年代のフジテレビのお笑いバラエティは作ら

れた笑いよりもアドリブのリアクションを求めるものでもあった。「オレたちひょうきん族」(1981～89年, フジテレビジョン) などがそれである[15]。

1990年代に入って、「進め！電波少年」(1992～98年, 日本テレビ放送網) が突撃取材で「アポなし」の流行語を生んだ。また, ローカル局で制作された「水曜どうでしょう」(1996～2002年, 北海道テレビ) は, 段どりの少ない"ゆるい旅番組"として人気を得た。

他方で, テレビの表現は長い時間の連続, つまり〈持続〉よりも瞬間的な状況の表現へと向かう。そのことで, また別の番組のスタイルが生まれる。たとえば, 近年のバラエティ番組においては, 「エンタの神様」(2003～10年, 日本テレビ放送網), 「爆笑レッドカーペット」(2008～10年, フジテレビジョン) などが, "ネタみせ番組"として人気となる。これらの番組では, お笑いタレントのコント, ギャグはごく短い時間のコーナーで区切られる。

またドラマにおいては, 連続ドラマの一話完結スタイルが多くなる傾向がある。現在の連続テレビドラマの多くは, 3か月の放送期間に10話程度で展開するが, 各話を通しての連続性はゆるやかで, 1話ごとに展開されるエピソードに明確な解決が準備されることが多い。たとえば刑事ドラマや犯罪捜査ものがそうで, 一話で事件の発覚から解決までが描かれる。結果として, 一話完結のお約束のフォーマットにしたがってドラマが展開することとなる。そういったスタイルは, エピソードを多く積み重ねて, 登場人物の気持ちの揺れをみせる表現とは異なるものである[16]。

IV-2　テレビにおける多様性

テレビ放送の開始時期の編成について, 当初は番組の開発が急がれたことは, 多くの放送史の文献に語られるところである。結果として, 日本のテレビ番組は多様性を備えていく。『テレビ史ハンドブック』は, 編成が, 1957～59年の「外国テレビ映画への依存」から1960～62年の「朝の時間の開発」, 1964～65年の「ワイドショーの開発」と番組（編成）が充実を遂げたことを示している[17]。

しかし, こういった開発の一方で, その都度その都度に放送される番組が画

一化する流れがあったことも事実である。この点については，企業としての在り方，視聴者のとらえ方によるところが見過ごせない。番組編成は，多くの視聴者をひきつけるものへと標準化，画一化されがちである。表現の画一化は視聴者からもしばしば嘆かれるところだ。

しかし，ここではもうひとつ踏み込んで，番組表現におけるわかりやすさと情報の一元化の関係についてふれておきたい。映像と字幕テロップの多用や文字情報の過多との関係についてである。たとえば，バラエティで多く用いられるテロップは「テレビ画面に踊る文字　テロップ字幕スーパーたちの生態学」(『GALAC』2000年4月号)[18]は，バラエティ番組における文字（テロップ・字幕スーパー）の増加に注目しその分類を行っている。その分類を見れば，番組が提示する多くの情報がいかに文字に集約されているかがわかる。バラエティ番組でのテロップは，映像や音声を補足する役割をこえて，映像の多義性を言語的に一元化するものとなる。記事は音声情報の会話，ナレーションの文字化（なぞり），笑い声，状況音，効果音のナレーション，そして映像の場面の状況説明，出演者の心理状況，間や次の展開の文字化とを指摘した。

近年，情報番組でコメンテーターによる意見集約が多く見受けられる。こういった情報の整理も言葉による整理といえるだろう。時間の断片化と文字情報や言葉による情報の集約がテレビ番組のメッセージの在り方，その内容に大きな変化をもたらしている。こういった文字化は番組内の情報をわかりやすくひとつの意味に集約するものである。

Ⅳ-3　現在のテレビ番組にみられる可能性

ここまで，テレビ番組から失われた表現という観点からいくつかの例をあげた。それらは，中継，生放送，映像表現と文字・言葉の表現のバランスの変化などに関するものである。では，かつての番組に回帰することでテレビ番組が魅力を取り戻せるのかというとそうではない。番組が生放送であるだけ，高画質でその映像が細部をとらえるだけでは番組に魅力は感じられない。ここまで見てきた表現の根底に求められたのは時代との緊張関係である。それこそがテ

レビに失われたものではないか。

「friends after 3.11」(2011年, BS スカパー)[19] は, 地上波で放送される番組とは異なる表現で, 3.11以降の原発問題をめぐる言説を伝えた。東日本大震災以降に新たに友人となった人物を, ナビゲーターの松田美由紀と監督の岩井俊二がたずねる。番組出演者は注目度の高い人物でありながら, 地上波のテレビ番組ではキャスティングされない人物だった。脱原発アイドルの藤波心, 俳優の山本太郎, 京都大学原子炉実験所の小出裕章助教ほかだ。ジャーナリストの上杉隆は自らが地上派テレビ番組から「干された」と明言する。城南信用金庫の吉原毅理事長は電気事業と金融の関係について言及する。聞き手の主体を明確にしたロングインタビューで, 相手の言葉を遮ることなくじっくりと耳を傾ける。そこに素直な問いかけも成立する。ここでの番組表現の方法は, 社会状況, メディア状況との関係で緊張感をもつものだった。

「世界ふれあい街歩き」(2005〜12年, NHK デジタル BS ハイビジョン他) は, 世界の都市を訪ね歩く旅番組・紀行番組といえる。しかし, そこでは旅人は登場せず, いわゆるカメラ目線の映像が都市をとらえ, その映像は歩く速度でとらえられていく。そこには, 目線の流れのままの景色と, その街のその通りの人とのちょっとしたコミュニケーションがある。多くの旅番組は, 観光地を足早にめぐり, 食やショッピングの情報をふんだんにもりこみ, ナビゲーターのリアクションに彩られる。「世界ふれあい街歩き」は, そんな番組の定型とは一線を画して, ゆったりとした細切れではない時間を楽しませる。

「連続ドラマ W」枠 (WOWOW) では, 社会倫理 (企業倫理, 生命倫理などを含むもの), 政治状況等に踏み込んだドラマが制作されている。「パンドラ」(2008年) は, がんの特効薬の開発をめぐるストーリーだ。死生観, 新薬開発に関する課題, 政治と企業の癒着の問題を盛り込んでドラマは展開する。「空飛ぶタイヤ」(2009年)はタイヤ脱落事故と自動車メーカーのリコール隠し, 大企業と下請け企業の関係を扱う。また, 2夜連続で放送されたドラマW「なぜ君は絶望と闘えたのか」(2010年) は, 光市母子殺害事件[20]の被害者遺族と事件を追った記者の苦闘ともいえる闘いを描いた。題材に今日性があるだけで

なく，その題材に組織，社会，倫理の在り方を追究することで，現代を生きる人の問題として引き寄せ考えさせるドラマとなっている。

こういったBS局の番組は，地上波の番組がいかに多様性を失っているかを考えさせるものである。

その地上波において注目されるのは，地方局制作のドラマである。「帽子」(2008年，NHK広島放送局)，「火の魚」(2009年，同)，「ミエルヒ」(2009年，北海道テレビ)，「レッスンズ」(2011年，関西テレビ)は，いずれもNHK東京放送局，民放キー局で制作されるドラマとの比較において独自性を発揮する[21]。これらは，舞台の在り方だけではなく，題材，テーマ，語り口，キャスティング等において，東京発信のドラマとは一線を画すものとなっている。視聴率の尺度によってフォーマット化された文脈とは異なる手法の開拓が地域発ドラマには実現されている。

V テレビの公共性から考える

放送の「公共性」がしばしば問われる。放送法による公共性は，電波の有限性による公共的利用であり，視聴者意識からは安全な生活を守るための公共的サービスであることが期待されるし，一定の役割を果たしてもきている。本章では，それを番組のあり方にブレイクダウンして，家庭や社会生活に公共的な存在価値を保障していくための表現の存在をあげたつもりである。① 人間の魅力を通して，② 家族の価値を通して，③ 参加を通しての3つがそうだ。このそれぞれの表現を通して，テレビは大きな社会的機能を果たす。

他方，近年のメディア環境の変化により，メディアを通したコミュニケーションはより多様化している。とりわけ，パーソナルなコミュニケーションが充実を遂げている。また，媒体の棲み分けによりテレビ単体としての多様性が大きく損なわれている状況がある。しかし，テレビ自体に公共性が求められる（期待されている）以上，テレビ単体としての多様性の確保は避けては通れない課題となる。表現内容，表現方法の多様性が求められる。それらが時代に呼応し

たものであると同時に，テレビとしての普遍的機能を果たすものであることで，今後のテレビ番組の価値が問われるだろう。テレビは，個（人）として，家族（をもつ者）として，社会的存在（参加者）として重層的な時間を生きる現代人のための存在であることが求められるのではないか。

●注●
1） Marshall McLuhan, 後藤和彦・高儀進訳『人間拡張の原理　メディアの理解』竹内書店，1967年
2） 大山勝美（2007）「アマチュア主義・ドキュメントで"同時代人の関心事"を核に盛り込む」『テレビの時間』鳥影社。同書で，ホームドラマの歴史は「そのときどきのタイムリーな社会的な問題（中略）を，なまなましく確実にとりこんできた社会風俗史，庶民の精神史でもあった」としている。
3） 「小林由紀子さんインタビュー（後編）」ディノスコミュニティサイト『Hot Dinos』（2008年）より。『ドラマを愛した女のドラマ』（草思社，1995年）では，（テレビ）ドラマづくりにおいてプロデューサーに求められることについて「企画内容が時代にアピールし，視聴者の興味をひくものでなければならないことは言うまでもない」としている。
4） H・D・ラスウェル「社会におけるコミュニケーションの構造と機能」シュラム編，学習院大学社会学研究室訳（1968）『マス・コミュニケーション』東京創元社
5） Wright, Charles R. (1959) "Mass Communication: A Sociological Perspective", *Studies is Sociology*, Random House.
6） 日本テレビ放送網で「笑点」，「お笑いスター誕生」に携わった中島銀兵は「テレビ娯楽もニュースである」NHK総合放送文化研究所編『テレビ・ジャーナリズムの世界』（日本放送出版協会，1982年）で，「メッセージはキャラクターの色で決まる」と述べている。
7） 和田勉「ブラウン管の一万日—テレビは何を映してきたか」（NHK，1983年1月31日）
8） 日本大学芸術学部（2009年12月5日），進行・上滝徹也，主催・日本大学芸術学部，共催・国際ドラマフェスティバル in TOKYO 実行委員会
9） 上滝徹也（2007）「『バラエティ』という名の方法論」『月刊民放』2007年6月号
10） 開かれたという概念は，大山勝美の映像論にもみられ，また，萩元晴彦・村木良彦・今野勉（1969）『お前はただの現在にすぎない』田端書店の「お前に捧げる一八の言葉」にも「テレビは参加である」の言葉がある。
11） 上滝徹也（1979）「『欽ドン』—新しい参加」『月刊民放』1979年6月号

12) 太多亮（1996）『ヒットマン』扶桑社
13) 映画，小説等もむろん先行メディア。
14) 萩元晴彦・村木良彦・今野勉，前掲書，p.271
15) 視聴者の参加については，前項ですでに述べたところ。歴史をふりかえっても視聴者参加型の人気番組は枚挙に暇ない。「お笑いスター誕生!!」（日本テレビ放送網），「天才・たけしの元気が出るテレビ」（日本テレビ放送網），「三宅裕司のいかすバンド天国」（TBS），「ねるとん紅鯨団」（関西テレビ），「夕焼けニャンニャン」（フジテレビジョン），「ASAYAN」（テレビ東京）など。
16) たとえば，1990年代前半～中盤においては恋愛ドラマが活況だったが，それらは3ヵ月を通じて10話前後でドラマはラストを迎えていた。
17) 「12. 在京テレビ局『テレビ番組編成史』」伊豫田康弘・上滝徹也・田村穣生（1998）ほか『テレビ史ハンドブック改訂増補版』自由国民社，pp.246-271
18) 日本大学芸術学部放送学科マスコミ演習Ⅳ，放送批評懇談会。分析対象番組は，「HEY！HEY！HEY！」（フジテレビジョン），「めちゃめちゃイケてるっ！」（同），「進ぬ！電波少年」（日本テレビ放送網系），「ASAYAN」（テレビ東京）「ウンナンの気分は上々」（TBS）ほか。
19) 無料放送番組として放送された。ほかの出演者に中部大学総合工学研究所の武田邦彦教授，環境活動家の田中優，自殺対策支援センターライフリンク代表清水康之ほか。
20) 2008年4月，判決公判で被告に死刑判決。即日上告。2012年1月，2月。上告審を経て，上告を棄却。同年3月，死刑確定。
21) 吉川邦夫NHK放送文化研究所主任研究員は，地域発ドラマには，「生活者の視点」があるとする。「地域発ドラマからテレビ表現の本質を探る」『放送研究と調査』2012年3月号，NHK放送文化研究所

第8章
メディア利用行動の変化と将来

渡辺　久哲

I　日本人のメディア接触の現状

　現在の日本社会は，既存のマスメディアに加え，インターネットの利用が一般化し[1]，デバイスとしてもスマートフォンやタブレットPC等さまざまなモバイル端末が普及しつつある。まさに多メディア社会と呼べる状況が展開しているのである。人々はこれらのデバイスを利用して，動画共有サイトを楽しんだり，ツイッターで情報発信したり，フェイスブックなどでネットワーク作りに励んだり，従来のマスメディアへの接触以外にもいろいろな目的で多様な情報行動を行っている。

　これらのメディアと人々はどのようにつきあっているのであろうか。「2010年国民生活時間調査」[2]によれば，2010年の時点で平日における人々のマスメディア行為者率[3]は，テレビ89%，新聞41%，雑誌・マンガ・本18%，ラジオ13%であり，趣味・娯楽・教養のためのインターネットの行為者率つまり仕事以外でインターネットを利用した人の割合は20%であった。さらに，平日の全員平均時間量[4]を比較すると，テレビ3時間54分，新聞19分，ラジオ20分，雑誌・マンガ・本13分で，趣味・娯楽・教養のインターネットは23分であった。これらのデータから，多様なメディアの中にあってテレビが依然として特別の存在であることがわかる。

　また同調査の時系列分析から，テレビの行為者率は1995年から2010年にかけ

て5年ごとに，92％，91％，90％，89％と微減傾向にはあるものの，全員平均時間については逆に視聴時間が増加傾向にあることがわかる。これは若年層においては視聴時間の減少が起こっているものの，一方で中高年においては依然として長時間視聴がなされており，日本全体の人口に占める高齢層の割合が高まってきている結果，上記の結果になったと分析されている[5]。

このように，現時点において全体としては圧倒的な接触率と接触時間を誇るテレビであるが，これから将来にむけては若年層における接触率や視聴時間の低下が看過できない現象であるといえよう。この原因のひとつに，インターネットの台頭の影響が指摘されている。昨今，スマートフォンやタブレットPC等のデバイスの普及，動画共有サイトの利用拡大やSNSへの加入者の増加もあり，国民全体に占めるインターネット利用者の割合は急激に増えているのである。

同調査における2005年と2010年の平日比較で，行為者率は13％→20％，全員平均時間は13分→23分といずれも急増している。趣味・娯楽・教養のインターネット利用の中心層は20代男性だが，平日の利用時間がこの5年で40分も増えているという[6]。しかも従来テレビ視聴にあてられることが多かった夜間での利用が増えていることから，テレビ視聴時間への影響が推測できるのである。ちなみに平日比較で20代のテレビ行為者率は男女とも78％であるのに対し，趣味・娯楽・教養のインターネットの行為者率も男性32％，女性33％にまで迫っている[7]。

同調査では，ビデオ・HDD・DVDの視聴行動についても調べているが，2005年から2010年にかけて，平日の行為者率が8％→11％，全体平均時間量も8分→13分と増加している。この行動には，録画済みテレビ番組の視聴も含まれるが，やはり週末においての利用が多くなる傾向があり，この5年間も，行為者率は土曜10％→15％，日曜11％→15％，全体平均時間も土曜10分→20分，日曜12分→20分と増えている[8]。

この背景にはDVDやブルーレイのプレイヤー・レコーダーが普及してきている[9]ことや，ハードディスク内蔵の利便性の高いテレビ受像機が多機種発

売されていることがある。放送されるテレビ番組を気軽にタイムシフトして視聴することが可能になったことは、テレビというメディアの力を拡大することになるが、その一方で、リアルタイムでの視聴がテレビメディアの本来的な特徴であることを考えると、視聴者たちの容易なタイムシフト視聴は、テレビのメディアパワーを削ぐ側面もあることに注意したい。ちなみに、現状においてビデオリサーチ社が測定する視聴率はリアルタイム視聴に限定している[10]。

Ⅱ　テレビ視聴態様の中長期的変化

　圧倒的な接触量を誇りつつも、昨今、若年層を中心にして若干の陰りを見せ始めているテレビであるが、本節では、やや中長期的なスパンでみた場合に人々のテレビの見方にどのような変化が認められるかに焦点をあて、データにもとづいた考察をしていきたい。

　用いたデータはJNNデータバンクの全国調査[11]（以下、JDB）である。JDBはテレビ視聴に関連してさまざまな角度から質問を行っているが、「テレビ視聴態様」に関する質問の中で特に時系列的に変化の目立つ項目を以下に紹介する[12]。

　まずは、「話題になっている番組は見てみたいと思うほう」「話題になっていても必ずしも見てみたいとは思わないほう」という対の態度項目の変化である。1978年から2011年までの変化を折れ線グラフにしたのが図表8-1である[13]が、1990年代の前半のところで2つの態度項目がクロスしていることがわかる。

　それまでは視聴者全体の3割前後を占めて推移してきた「話題の番組になっていても必ずしも見てみたいと思わないほう」という態度項目の割合が上昇を始め、1990年代の終わりには一気に5割にまで達する。逆に、「見てみたい」は4割台から3割にまで下降する。

　前宣伝や前評判には躍らされないぞという主体的視聴者の台頭とも読めるが、実は1990年代の10年間は、それまで地上波だけで構成されてきた日本のテレビ界に次々と多チャンネル化に向けて風穴が開けられていった時代でもある。つ

図表8-1 話題の番組は見てみたいか（JNNデータバンク全国調査，以下同じ）

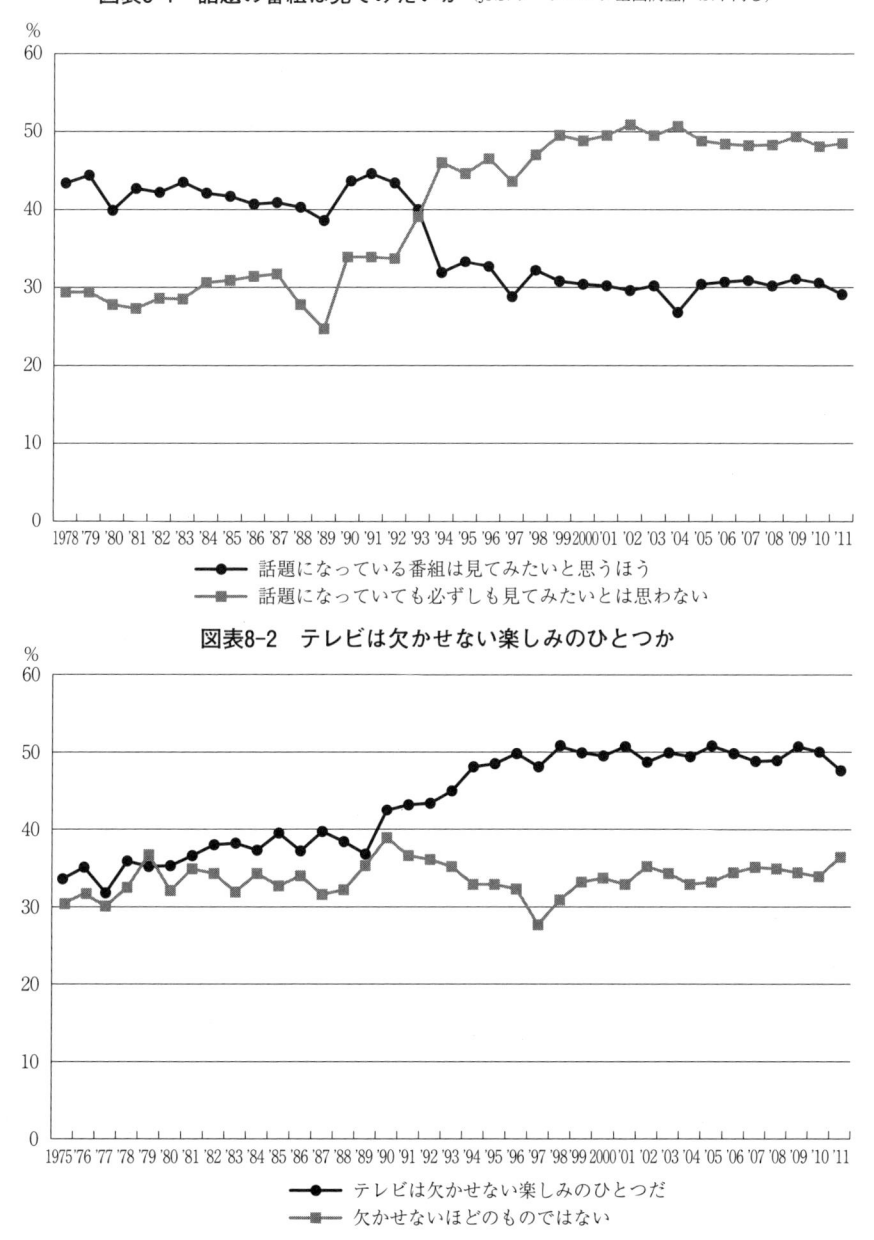

- ●— 話題になっている番組は見てみたいと思うほう
- ■— 話題になっていても必ずしも見てみたいとは思わない

図表8-2 テレビは欠かせない楽しみのひとつか

- ●— テレビは欠かせない楽しみのひとつだ
- ■— 欠かせないほどのものではない

図表8-3　予告や解説を参考にするか／習慣で見るか

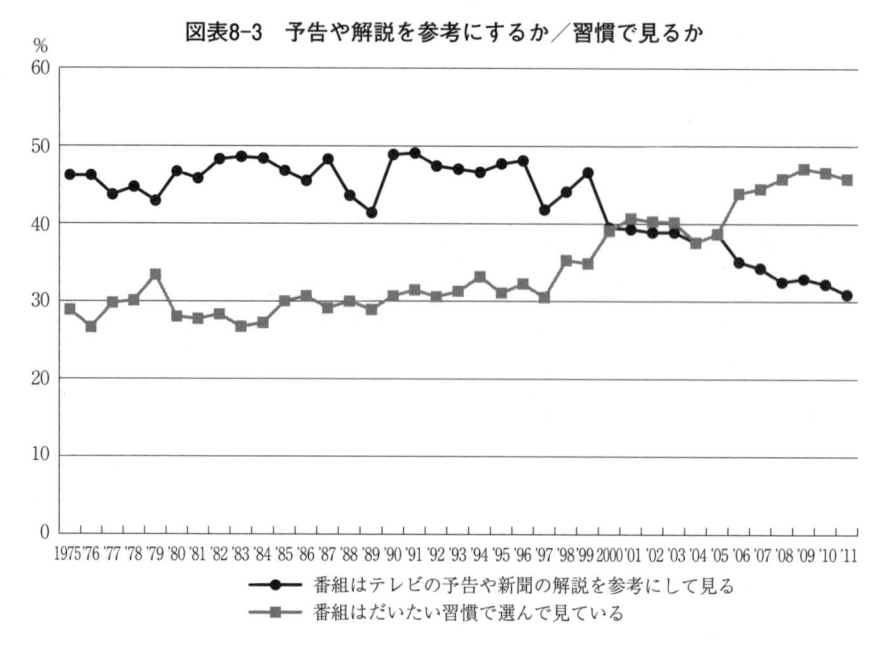

― ●― 番組はテレビの予告や新聞の解説を参考にして見る
― ■― 番組はだいたい習慣で選んで見ている

図表8-4　見なれた番組が好きか，目先の変わったのが好きか

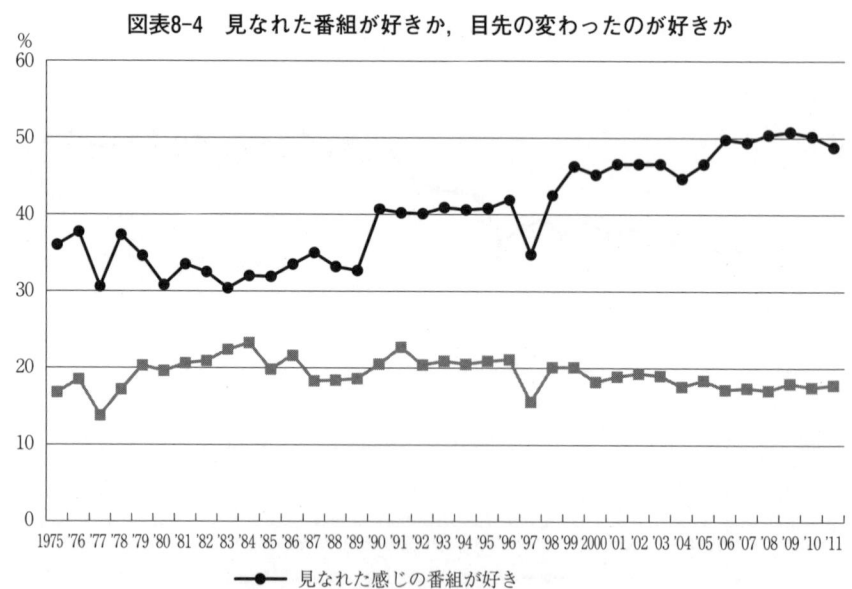

― ●― 見なれた感じの番組が好き
― ■― 少し目先の変わった番組が好き

まり，1989年6月にはそれまで試験放送で行われていたNHKのBS放送が郵政省から本免許を付与されて本放送に移行した。また，同年に日本初の民間衛星放送が打ち上げられ[14]，この年の放送法改正では受委託放送制度（いわゆるハード・ソフト分離）が導入されて通信衛星（CS）を利用するテレビ放送や音声放送が可能になったことにより，多チャンネル放送時代に向けての技術的・制度的枠組みができあがったのである。

翌1990年にはWOWOWが国内初の民間衛星放送事業者として放送開始しており，さらに1992年にCS放送事業者として6社認定され，それが1996年開始のパーフェクTVと1997年開始のディレクTVに引き継がれていく。これが今日のスカパーの源流となった。

このようにしてチャンネルの選択肢が増えていく中，視聴者は与えられる番組を待つのでなく「自ら選ぶ立場」でテレビを見るようになっていったとも考えられる。

一連の多チャンネル化によって，視聴者の楽しみも増した。図表8-2のとおり「テレビは欠かせない楽しみのひとつである」という意見は1990年代に4割台から5割台へと確実に増えたのである。多チャンネル化で全体としてテレビの魅力は増したと考えてよいであろう。

図表8-3はその後に起こった変化を示している。すなわち1990年代の後半から「番組はテレビの予告や新聞の解説を参考にして見る」が減り，その一方で「番組はだいたい習慣で選んで見ている」が上昇して逆転している。年代別にみるとこの意見は中高年層よりもむしろ10代20代の若年層で男女ともに高くなっている。1953年にテレビ放送が開始してから40数年がたち，テレビ番組が「わざわざ調べてから選んで見るようなもの」ではなくなり，各人が日々の習慣の中で見るともなく見る「空気のような存在」になってきたことを示しているのではないだろうか。

より直近の傾向としても，20代の層を対象にNHKが行った調査[15]によると，昨今「『何となく見る』漠然視聴の増加」が読み取れるという。家に帰るととりあえずテレビをつけるというように，あまりテレビを意識しないでとりあえ

第8章　メディア利用行動の変化と将来　　169

ずつけておくという形で生活に溶け込ませており、テレビはもはや「環境」のひとつになっているのだという。

図表8-4からも明確なトレンドが読み取れる。「少し目先の変わった番組が好き」という意見の人は依然として2割程度は存在し続けているものの、「見慣れた番組が好き」という意見の方が徐々に増えてきているのだ。「見慣れた」という言い回しからは中高年の意見のようにみえるかもしれないが、実は男性10代や女性10〜30代といった若年層に顕著な意見なのである。テレビが奇をてらったものや新奇性を追求したコンテンツのみを見せるメディアではなく、何気ない日常のメディアであり、成熟のメディアとして成長した結果と考えてよいのではないだろうか。ちなみに「目先の変わったもの」を求める視聴者は男性の20〜30代でやや多めである。また、JDBのこの質問項目は、テレビに関して地上波、BSテレビ、CSテレビといった区別指定を設けず一括してテレビ全体を対象として尋ねているので、おそらく多くの回答者が地上波テレビを中心において回答したものと思われる。CSの専門チャンネルや2010年秋と2011年春に増加したBSテレビの各チャンネルも意識するような形でさらに質問すれば、また異なった傾向を示したかもしれない。

しかしながら、新しいメディアが次々と台頭する中にあって、大局的にみた場合、やはりテレビというメディアの立ち位置が変わってきていることは否めない事実であろう。

Ⅲ　ソーシャルメディアについて

Ⅲ-1　新しい世代の登場

2000年代に入るとFTTHの普及を背景に、2005年にはGyaOの動画配信が始まり、ついでYouTubeやニコニコ動画などの動画共有サイトが注目されるようになった。また、国内のSNSであるmixiなどに加えて、2008年にはフェイスブックの日本版もスタートした。さらに2009年にはツイッターがブームとなり、モバゲーやGREE等ブラウザゲームを主軸にしたSNSも若者を中心に

受け入れられてきている。このようにネット上ではソーシャルメディアの新サービスが次々と生まれる状況にある[16]。

これらのサービスは，男女とも若年層が中核となって利用が拡大してきているが，このような傾向は日本に限らない。タプスコット（Tapscott, D.）は2007年に，日本を含む世界12か国のネット世代の若者5935人のインタビューを行い，それまでの世代とは異なるメディア利用術を身につけた新しい世代の台頭を確認している[17]。

日本では，橋元良明と電通総研が，2007年から2009年にかけて実施したグループインタビューと量的調査（訪問留置回収法とインターネット調査）の結果を踏まえ，日本における新しいメディア世代の登場について世代論の切り口で興味深い報告をしている[18]。これによると，パソコン，携帯電話，スマートフォン，タブレットPCなど新しいデバイスが陸続と登場する中，若年層は76世代，86世代，96世代という3つの世代に区切られるという。76世代とは，1976年前後に生まれた世代でパソコンによるインターネット・リテラシーに長けた世代であるのに対し，86世代は1986年前後の生まれで，パソコンよりも携帯電話による情報収集やコミュニケーションが得意だという。

さらにここでは，76世代および86世代はともにデジタルネイティブ，96世代をネオ・デジタルネイティブとよび分けているが，1996年前後に生まれた96世代は，それまでの世代の特性を残しつつもモバイルで動画を楽しむというスタイルが新たに付け加わるという。モバイルデバイスを活用して動画を好きなところに運んで楽しむというスタイルである。録画したテレビ番組を持ち出して楽しむ場合には，タイムシフトとプレイスシフトを同時に行うことになるが，そうした視聴スタイルも96世代の特徴であるという。96世代は現時点においてまだ10代の半ばであり，今後のメディア環境の変化によってはさらにまた新たな変貌を遂げる可能性もあろう。しかし，若い頃ひとたび獲得した情報行動スタイルや習慣が，成長してもそのまま維持されたりもしくはその後のスタイルや習慣に影響を与えたりすることは往々にしてあることから，テレビ業界としてもこうした研究成果を正面から受け止める必要があろう。

Ⅲ-2　テレビとインターネットの親和性

　さて，一口にインターネットの利用といっても，固定された据置きパソコンを用いる場合と，携帯電話やスマートフォンなどモバイル端末を用いる場合とがある。

　「日本人の情報行動調査2010」では，この2種類のインターネット利用形態を分け，それぞれについてテレビ視聴との並行行動の分析をした上で，両者を比較している。これによると，深夜を除いた6時～0時の時間帯では，テレビのリアルタイム視聴行為者のうち，「PCインターネット利用で5％前後（平均4.82％），携帯インターネット利用で10％前後（平均10.20％）の並行行動行為者が安定して存在している」[19]というから，携帯電話やスマートフォンのように持ち運びできて常に手元におけるデバイスのほうが，据置き型のパソコンに比べてテレビとの親和性が高いことが推測される[20]。

　したがって，スマートフォン，タブレットPCなどのモバイルデバイスが発売され普及していくことは，テレビにとっては追い風ともいえよう。地上デジタルテレビ[21]はワンセグ機能によって自宅外でもリアルタイムに見ることが可能であるが，動画を自在にコントロールすることを得意とする96世代以降の若年層は，あらかじめ録画しておいた番組を好きな時間に好きな場所で見るスタイルを好むようだ。

　ちなみに，現在テレビ局が利用している視聴率は，自宅内における据置きのテレビ受像機（または据置きのパソコン端末）でのリアルタイム視聴に限定して測定している[22]。テレビ番組の制作者たちはそのように定義された視聴率の土俵の上で戦っているわけであるが，この視聴率は若い世代に今拡がりつつあるタイムシフト視聴もプレイスシフト視聴もカバーしていない。今日の視聴率は1960年代以降，民放テレビの広告取引の商慣習の中にしっかりと組み込まれているため，その定義を変更するのは容易でないと考えられる。しかし，新しい世代が視聴者の中核となっていく中で，テレビが生き残り発展していくためには，今後思い切った革新も求められるであろう。

Ⅲ-3　ソサエティとコミュニティ～「ソーシャル」とは何か

　インターネットの普及により私たちは種々の情報サービスの恩恵を受けているが，それらの中で昨今注目を集めているのがソーシャルメディアサービスである。

　総務省は2010年にソーシャルメディアの利用実態調査を行っているが，調査の実施にあたりソーシャルメディアを「利用者が情報を発信し，形成していくメディア」と規定し，「利用者同士のつながりを促進する様々なしかけが用意されて」いるところに特徴があるとしている[23]。具体的には，ブログ，ソーシャル・ネットワーキング・サービス（SNS），動画共有サイト，情報共有サイト，マイクロブログ（ツイッターなど），掲示板，ソーシャルゲーム，メタバース[24]などを含む，かなり幅広いものとして捉えている。

　これらの中で代表的なソーシャルメディアといえるSNSはウェブ上で文字による会話を行って社会的なネットワークを構成していくサービスであるが，国内大手としては前出のミクシー（mixi），モバゲー（Mobage），グリー（GREE）があり，2010年時点でいずれも会員数2000万人を突破しているという[25]。これらは，他の会員とのコミュニケーションをベースにしたゲームであるソーシャルゲームを導入して収益の柱としている。また，世界的に話題となっているSNSとしてフェイスブック（Facebook）がある。2004年にハーバード大学の学生向けに始まったがその後一般に開放され，2008年には日本語版も開始された。世界最大のSNSサイトであり，実名登録であるところに特徴がある。ビジネス分野での活用も盛んになりつつある。

　また，ツイッターは2006年にアメリカのツイッター社（Twitter社，当時はObvious社）が始めたブログサービスで，日本版は2008年に開始した。文字数が140字に制限されるミニブログであるが，オンタイムでの情報拡散力がきわめて強くソーシャルメディアのひとつとされる。

　Ustreamはアメリカのユーストリーム社（Ustream.tv社）が開始したサービスで，2010年から日本語版のサービスも始まっている。個人単位で動画による情報発信ができるため利用者が増加中である。ニコニコ動画はニワンゴ社によ

る動画共有サービスで，再生している動画に利用者がコメントをつける機能を有する点に特徴がある。コメントがつくことによって，利用者たちは体験を共有する感覚をもつことができるのである。また，ニコニコ生放送では，政治家の記者会見等のライブ配信も行っている。

これらが，現在のところソーシャルメディアと呼ばれるものの代表といってよいであろうが，そもそもソーシャルとは何を意味しているのであろうか。

ソーシャルメディアというよび方とは別に，同じくインターネットをベースにウェブ上でつながった集団のことをネットコミュニティと呼ぶこともある。インターネット上でつながった集団をソサエティ（社会）と捉えることもあれば，コミュニティ（共同体）と捉えることもあるのだ。通常，コミュニティ（共同体）とは生まれながらの地縁・血縁にもとづく比較的小さな集団であり，お互い顔見知りのプライベートなイメージ，他方ソサエティ（社会）とはより広くて集団成員の匿名性も高くパブリックなイメージ，というように区別できよう。

構成メンバー同士でゲームに興じたり，カラオケの愛好者が集ったり，自分の飼っている猫がかわいいからと動画をアップし，それを猫好きたちが皆で閲覧観賞するというようなたわいもないケースの場合，そこに形成されるのはコミュニティ感覚のネットワーク[26]である。一方，震災の復旧状況や政治家の発言のように社会的な意味合いの強い情報を共有する局面において形成されるのは，ソサエティ感覚のネットワークといえよう。これらは本来的には別物であるが，インターネットが元来有する機能によって，ユーザーはどちらでも好きなように使うことができる。逆にいえば，内輪な会話を前提とするコミュナルなネットワークと，赤の他人も含めての情報共有を前提とするソーシャルなネットワークとの2面性をもつことが，インターネットというメディアの特性ともいえる。したがって，ソーシャル（社会的）メディアといっても，実際には「半分だけソーシャル（社会的）」というのが正しいのではないだろうか[27]。

ちなみに，仲間だけの内輪な会話だからよいだろうと思って書いたネット上の発言が，ついつい度を超えてしまい「社会的に節度を欠いた発言」として他

のユーザーたちからの猛烈な避難を浴びて「炎上」するという事件が時折あるが，これは上記の2つの特性の使い分けに失敗したためといえる。

Ⅲ-4　「元祖ソーシャルメディア」としての放送

　ひるがえって，テレビ放送はどう位置づけられるのであろうか。公共財である電波の使用を前提とするテレビ放送あるいはラジオ放送は，もともと社会的なメディアつまりソーシャルメディアであるといえる。放送の起源までさかのぼれば，1920年に米国ペンシルベニア州ピッツバーグで開局した世界初のラジオ局KDKAは，定期的・継続的な放送つまり定時放送という形態をとることで人々（＝公衆)[28]に共通の時間軸を提示した。時計の示す客観的な時間の共有は近代社会の形成・拡大に欠かせない要素であるが，放送の本質的な機能のひとつがその客観的時間の告知である[29]。放送はまさに社会的メディアなのである。「朝，時計代わりにテレビやラジオをつけておく」という視聴者やリスナーは今でもけっして珍しくない。

　もちろん，鶴見俊輔の指摘するようにテレビ番組は国民に共通の文化を作り上げるという大切な機能[30]を有するものでもある。今日でいえばワールドカップサッカーの日本代表戦など国民全体が盛り上がる番組が流れる際には，熱狂する国民を疑似共同体に見立てて「テレビにはコミュニティを作る機能がある」といういい方もできよう。しかしながら，そこで作られるものはあくまでも疑似的な共同体にすぎず，テレビは本来的に社会的メディアなのである。

　昨今，ソーシャルメディアの機能や影響力が大きく喧伝され，テレビはやや押され気味である。しかし，「テレビこそが本家本元のソーシャルメディアなのである」ともっと胸を張ってよいのではないだろうか。

Ⅳ　テレビ番組とソーシャルメディアの連携

Ⅳ-1　テレビ番組とウェブ上のクチコミ

　いうまでもなく現在ウェブ上には膨大な量の情報が流通している。ブログや

SNSを通して人々が発する情報に対して多大な関心を払う企業も少なくない。これらの情報の中には「消費者からの情報」として価値のあるものが少なくないからである。そしてその中には，テレビ番組に関する情報も大量に含まれている。

　岩田幸也・坂井政文は，ブログや掲示板を中心としたクチコミ検索サービスである電通バズリサーチを用いてウェブ上を流れるクチコミデータを使ったテレビ番組評価の可能性について検討している[31]。これによると，まず一般のヒット商品等に比べてテレビ番組名のウェブ上でのクチコミ件数は圧倒的に多いという。そして，2008年10月～12月の3か月間におけるテレビドラマ15本の視聴率と放送当日のウェブ上のクチコミ件数を分析したところ，両者の間に明確な相関関係はなく，高視聴率でクチコミ件数も多い番組，低視聴率だがクチコミ件数は多い番組，高視聴率だがクチコミ件数は少ない番組，低視聴率でクチコミ件数も少ない番組の4群に分かれることが判明した。視聴率が同じでも，クチコミ件数にかなりの差がみられうるということである。また既存の番組評価調査の結果とクチコミ件数との間にも明確な関係性はみられなかった。

　以上のことから，ウェブ上のクチコミ件数は，視聴率や既存の番組評価とは別にテレビ番組に対する視聴者の積極的関与の大きさを表す独立した指標となりうると述べている。そして，これらのクチコミは近い価値観を持つ人同士がつながって，共振・共鳴しあいながらコミュニケーションしている現象であると考えられるとしている。さらに共振・共鳴行動およびその現象をレゾネーション，共振・共鳴する人々をレゾネーターと定義し，「番組から発せられる情報の浸透度や影響度や密度を考えた場合，視聴率のみが高い番組よりも，レゾネーターが多いと考えられる番組の方が浸透度・影響度・密度が高い可能性があり，その後の情報波及が起こる可能性も高いと思われる」[32]と興味深い分析をしている。

　最終的にはこの新たな指標を，深さ（デプス）をとらえる価値尺度と考えて広告や広報のプランニングのために展開していくことが可能であろうと展望している。このことは，テレビから発せられるコンテンツ（CMや番組）のパワー

が，インターネット時代の本格的到来によって，その価値を増し，さらに接触量だけでなく，浸透度・影響度など深さに係わる尺度によっても測られうるようになったのだとも考えられよう。面白い番組がクチコミで世間に拡がっていく現象は昔からよく指摘されてきたが，リアルな対面クチコミの実態を随時把握するのは困難であった。しかし，ウェブ上のクチコミであれば，随時キーワードを設定することにより検索システム等を用いて自動的に測定できる。そしてまた，ウェブ上のクチコミ情報は今や消費者行動を分析するツールとしてもしっかりと市民権を得つつある。これまでテレビのメディアパワーを測る尺度として君臨してきた視聴率とはまた別に放送後の情報の流れをおいかける手段として，ウェブのクチコミはその可能性が期待されるところである。

Ⅳ-2　テレビ番組制作・編成におけるソーシャルメディアの活用

　江利川滋はテレビの番組を制作する局面において「テレビ局がソーシャルメディアに向き合うことの意味」について検討している[33]。具体的な番組についてのツイッターやブログ等を使ったソーシャルメディア分析の比較的容易な取り組みとして，「傾聴」の重要性に着目しているのである。従来のアンケート調査等に比べた時のソーシャルメディア分析の優位性については，「番組・放送に関する意見収集自体が随時行える点」にあると考え，既存の分析サービスを利用して番組品質の管理情報として適宜制作現場にフィードバックすることも可能であるとしている。ただし，得られる情報の代表性については一定の留保が必要であると釘を刺すことも忘れず，その欠点を補うためには継続的に傾聴を行いつつ時系列的な推移をみていくことが大事であると述べている。

　実際，どのようなソーシャルメディアを傾聴の対象とするかは慎重な検討を要するところであろうが，番組内容に関連する各様の言葉がウェブ上でどのような形で流通しているのか（ポジティブかネガティブかなど）を知ることは，番組の制作や編成に携わる人々にとって得るところが少なくないであろう。番組内容を改善するためのツールとしてソーシャルメディアの活用は十分に現実味のある話だと思われる。

Ⅳ-3　VODとSNSの連動

　NHK放送文化研究所とNHK放送技術研究所では，VOD（ビデオ・オン・デマンド）機能とSNS機能を兼ね備えたサイト（teleda）を実験的に設営しユーザーたちの動きを研究するプロジェクトを2009年から進めてきている[34]。

　このサイトは，ユーザーがインターネット上で呼び出して視聴できる番組について，意見や感想を書き込んだり他のユーザーの書き込みに対してコメントしたりする機能（対話誘発機能），さまざまなテーマごとにコミュニティを発生させる機能，ユーザーたちの視聴履歴をみて番組やコミュニティを推薦する機能などを有する。その結果，ユーザーたちはふだんの視聴スタイルでは視聴しえない番組を見るなどして視聴経験を広める傾向がある。またドキュメンタリーや報道番組においてコメントの文字数が多くなり，対話が盛り上がる傾向があること等もわかったという。

　番組の「『伝送路（＝縦の回路）』としてインターネットを位置づけるのではなく，むしろ番組を介した視聴者相互のコミュニケーション，すなわち『横の回路』を作り出すことこそ，インターネットがもつポテンシャルを最大限に活かすことになるはずである」[35]という考えのもとに実施された実験である。

　この実験の主体はNHKであり「インターネット時代，デジタル・アーカイブ時代における公共放送のサービスの在り方，可能性」[36]を模索し，「公共の広場」の設営まで射程に入れた検討をしている。SNSがもともと自然発生的な性格を有するものであることから，ウェブ上にコーディネータを置くなどする際にはどこまで介入させるかについての判断は難しい面もあろうが，「テレビ番組における批評という文化の醸成にも寄与できる可能性」[37]にも注目したいところである。

　以上のように，新たな広告・PRビジネス展開の可能性を求めて，あるいはテレビ番組制作のための有用な情報を求めて，あるいは新たな公共放送のあり方を求めて，各方面からテレビ番組とソーシャルメディアとの連携を探っているのである。

V ソーシャルメディア時代のテレビ視聴者

V-1 若者のテレビに対する意識の変化

　ここでふたたび視聴者の変化に話を戻そう。デジタルデバイス等を駆使して，ソーシャルネットワークサービスをはじめとする種々の便益を享受できる情報環境の中にあって，人々のテレビに対する期待や態度はどのように変化してきているのであろうか。何事も新しいものへの適応が早いのは若年層であり，情報環境についても同様であろうと推測される。

　増田智子は20代の「ドラマ離れ」に関して行ったグループインタビューの結果から，20代のテレビ視聴の心理特性として，「確実に面白い番組しか見たくない。テレビに裏切られたくないという気持ち」と「毎週，同じ時間の視聴を強制されることへの拒否感」の2点をあげている。そして前者は「リスク回避」，後者は「時間管理欲求」と名付けている[38]。

　YouTubeやニコニコ動画などの動画共有サイトでは，選択可能な動画の中から自分の見たいハイライトの部分だけを選んで見ることが容易である。こうした見方に慣れてくると，テレビを見る時も同様に，盛り上がって面白い場面だけを見たい，それ以外は見たくないという気持ちが強くなっても不思議ではなかろう。また，ハードディスクレコーダーの普及はタイムシフト視聴を容易にしたが，このことは何曜何時からはこの番組を見てほしいとテレビ局が考えて編んだタイムテーブルに縛られない視聴態度を可能にした。そして，こうした視聴方法が拡がることにより，視聴者の側において視聴時間をコントロールしたいという欲求が強まったり，あるいはそうすることが当然だと考えるようになったりすることも十分にありえるであろう。

　ここで紹介した研究は20代の主としてドラマ視聴についてのインターネットの影響を分析したものであるが，ドラマ以外のジャンルでも，あるいは20代以外の層においても，多かれ少なかれ同様の志向性が芽生えつつあるだろう。

V-2　東日本大震災におけるメディア利用行動からみえるもの

　2011年3月11日に発生した東日本大震災における人々のメディア利用行動からも，今後を占う上でのいくつかのポイントが垣間みえる。

　1つ目は，既存メディアの役割の重要性である。公共性を有するメディアとしての放送のもっとも大事な使命は国民の生命を守ることである。今回の震災において放送はまさにその真価を問われたといえよう。

　ラジオはもともと，災害時に強いメディアである考えられていた[39]が，実際，今回の大震災においても利用者たちからよく利用され高い評価を得たことが日本民間放送連盟の調査[40]からわかった。特に広範囲に停電に見舞われた被災地にあっては震災直後から利用できたメディアとしてラジオは非常に有用であり，ラジオのリスナーに直接語りかける密着感が，災害情報やライフラインの情報提供はもちろんのこと，リスナーに精神的な安定・充足を与える上でも大きな効用があったという。

　テレビも関東地区等において地震発生直後からHUT[41]の上昇傾向が顕著にみられた。とくに，各局が放送した緊急特別番組を多くの人々が視聴した結果，深夜から明け方までにかけて平時よりも際立って高い視聴率が記録された[42]。

　今回の大震災が放送局側に残した課題は，非常時の電源確保，衝撃的な映像の扱い，原発事故についての政府や東京電力の発表に対してどこまで批判的な取材・報道ができたか等多岐にわたるが，公共のメディアとして一定の役割は果たせたといえるのではないだろうか。

　2つ目は，インターネット，特にソーシャルメディアの有用性である。とくにライフライン情報や友人・知人の安否情報に関しては，放送よりもツイッターやフェイスブック等通信によるサービスの有効性が目立った。その一方で，コスモ石油の製油所爆発に関する誤った情報がツイッターやチェーンメールによって拡散する等の現象も発生しており，ソーシャルメディアの側にもいくつかの課題が残った。

　3つ目は，既存のマスメディアと新しいソーシャルメディアが連携することによる効果である。TBSテレビ，フジテレビ等の民放とNHKは自局の災害報

道を Ustream, ニコニコ動画などの動画共有サイトに配信したが、その期間に各サイトへの訪問者数は著しく増大している[43]。ユーザーにとっての利便性は計り知れないものがあったと推測できる。

以上のことから、今回の東日本大震災の被災は図らずもデジタル時代における各メディアの役割分担、あるいは連携のあり方のヒントを多々与えてくれたといえよう。それらの中にはオールドメディアと思われていたラジオもしっかり組み込まれている。これまであまり注目されることがなかった「手巻きラジオ」というスタイルでその有用性を人々の間に強くアピールすることもできたのであった。

放送と通信の融合あるいは連携という言葉は、単なる掛け声でなく、放送コンテンツのネット配信という形で体現化し、それが人々にとって大きな助けとなった。このことは今後に向けての橋頭堡となるのではないだろうか。もちろんこれらは未曽有の非常事態であるがゆえに可能になったという側面があることを否めない。平時において同様の展開をするには、著作権のクリア、ビジネスモデルの構築という課題の解決を待たなくてはならない。しかしながらそれでもオーディエンスの側からみた場合、放送と通信の連携の有用性については、もはやいささかも疑い得ないものであろう。

VI 新しいオーディエンスの把握

VI-1 これまでのテレビオーディエンス

日本においては、1953年にテレビ放送が開始されると翌年にはもう視聴率調査が開始されている。NHKや電通（当時は電報通信社）がテレビ受像機の普及が早かった京浜地区や東京23区を対象に、訪問面接法や配布留置法を用いて調べたのである。そして1961年にはニールセン社が翌1962年にはビデオリサーチ社が視聴率測定機を用いた視聴率調査を開始した[44]。その後は、1997年度からの機械式個人視聴率調査の導入など技術的なブラッシュアップはあるものの、基本的な測定概念自体は大きな変化のないまま今日に至っている。そしてまた、

視聴率以外にも品々の番組評価調査が行われてきたものの，それらはあくまでも視聴率調査の補助的な役割を超えないものであった。

視聴率は一般には番組の人気の尺度として知られているが，本来第一義的にはテレビの広告媒体価値を示す指標である。民間放送テレビが設立された当初，新聞が紙面（スペース）を売る広告媒体であるのに対し民放は時間（タイム）を売る広告媒体であると考えられた。そして新聞は広告の頁を増やすことが可能であるのに対し，テレビは1日24時間を越えることは不可能であることから，民放テレビは成長に限界のある産業だとも考えられた。つまり24時間分を売り切ったらそれ以上は成長できないビジネスであるということである。

その意味で視聴率を基軸とするビジネス展開は，時間による限界を突き破ったブレイクスルーであるともいえる。つまり，視聴率はどれだけのボリュームのオーディエンスが見ていたのかということをある時点（瞬間）の断面を切って示す指標である。したがって，測定チャンスは24時間の中に無数に存在する。実際の測定記録は1分ごとに行っているので，24時間に1440の毎分視聴率があり，また，視聴率を目安に取引がなされるスポットCM[45]は1分間に4本（つまり1本15秒）放送される。このような仕組みの中で，テレビ各局は視聴率に基づく視聴者獲得競争を通じて広告媒体としての商品価値を高めていった。それが民放テレビのビジネスモデルである。

もちろん，テレビCMにはスポットCMの他に，番組の企画趣旨への賛同を前提とした比較的長期の取引[46]である提供CM（番組CM）もある。しかし，昨今テレビCMの売上はスポットCMに支えられる面が大きく，2010年の関東キー5局の合計においてはスポットCMが総出稿量の74％も占めている[47]。このようにして民放テレビのビジネスを支えてきた視聴率とは，あくまでもオーディエンスのサイズを高い統計学的精度で推定する指標なのである。

VI-2　ソーシャルメディア時代のオーディエンス

さて，文中縷々述べてきたとおり，モバイル端末やソーシャルメディアサービスの隆盛を背景に，メディア環境が著しい変貌を遂げつつあるのが現在であ

る。

　テレビのオーディエンスたちは，テレビ放送以外にもいろいろな動画に容易に親しむことが可能である上，テレビ番組の視聴についても従来にはなかった視聴方法をとりうるようになってきている。デジタルデバイスのタイムシフトやプレイスシフトなどの機能を駆使することにより，自らが編成権をもち，情報発信力をもち，あるいは世論形成力までをももつ視聴者ということである。従来の「視聴者」という言葉のもつ受け身のイメージとはずいぶん違った存在になっているといえよう。また，インターネットの技術を前提とした新しい情報環境は，テレビが提供する情報をこれまでとは桁違いな拡散力で人々の間に広めることも可能にした。インターネットの力のおかげで，テレビのメディア力はなお一層強めることができるのである。

　以上の事実を踏まえると，新しい時代のオーディエンス測定のためには従来の視聴率からさらに進化した「新しい視聴率調査」が必要だ，もしくはそうした「新しい視聴率」を検討すべきだという意見も出て来よう。しかしながら，現行の視聴率はテレビの広告媒体取引のための必要性の中から産み出された指標であるという点にも留意しなくてはならない。つまり，新しいデジタル情報環境の中におけるテレビのビジネスモデルの輪郭や取引形態がある程度以上描けてこないと，必要とされる指標のあり方もみえてこないということである。ソーシャルメディア時代の諸企業のマーケティング活動の中において，テレビメディアの役割や位置づけの見通しは，これから徐々に明確化していくのであろう。仮に，ソーシャルメディアという「環境」を前提として，人々への浸透度の深さや波及効果まで含めて「テレビの効果」であるという考えが主流になれば，Ⅳ-1で紹介したようなウェブ上で展開するテレビCM由来のクチコミ情報までの動きまで考慮する「複合的な視聴率」も十分検討に値するであろう。

　また，テレビ番組の流通チャンネルの増加・多様化やVODの本格化が進めば，番組本編の有料展開の道も開ける可能性があろう。その場合には，本編内容に関してネット上で展開する「オススメ情報」に加え，より信頼性の高い番組格付け的な客観的内容評価も必要とされるかもしれない。

そういいながらも，テレビ放送本来の公共メディアとしての性格に着目するならば，テレビの発するソーシャルな情報が国民全体のどれだけに伝わったのかという到達効果を明示する代表性[48]のある旧来型の指標（＝視聴率）が，やはり依然として重要視されるであろう。

以上のように，広告ビジネスの新しい展開という観点からも，番組内容の価値の測定という観点からも，新しい公共性の形成・担保という観点からも，これからの多面的な可能性を含んだテレビオーディエンスをどのように把握していくかは大きな課題である。

Ⅶ　まとめ

さいごに，諸般の調査データや研究事例を紹介しつつ「ソーシャルメディア時代のテレビオーディエンス」についてここまで考察してきた内容をまとめると，以下のようになる。

現在のテレビは，メディア接触量という観点からすると他メディアを大きく引き離して圧倒的な力を誇っている。しかし同時に，若年層のテレビオーディエンスを中心に，インターネット等の新参メディアによって少しずつ蚕食されつつある。この背景には，テレビというメディアがスタートして50年以上を過ぎ，今や「成熟のメディア」として人々の中での位置づけが少しずつ変わってきていることもある。

最近台頭してきているソーシャルメディアの特徴のひとつは，ユーザーにとってコミュニティ（共同体）感覚での利用とソーシャル（社会）な感覚での利用の双方が自由にできる点にある。これに対して，テレビは本来的にソーシャルなメディアであるといえる。

いわゆるソーシャルメディアとテレビは，ビジネス展開，番組制作，公共圏の醸成など，広範な領域における連携が考えられる。そして，実際にいくつかの意欲的な実験・研究が行われつつある。また，先般の東日本大震災においては，期せずして既存のマスメディアとソーシャルメディアが連携して成果を上

げる具体的な実例がみられた。非常事態における非日常的対応とはいえ，今後の両メディアの関係を占う上でのポイントがみえてくる。

　以上のような中，テレビオーディエンスの視聴態様に表れてきている変化には，従来の視聴率調査だけではとらえきれない部分も多々ある。それはテレビ視聴のタイムシフト・プレイスシフト，ソーシャルメディアを介してのテレビ情報の拡散・批評といった行動面での変化にとどまらず，若年層を中心としてテレビを見る際の「リスク回避欲求」「時間管理欲求」など，心理面での変化も顕在化してきていることである。

　ソーシャルメディア時代を迎えてのこうした状況を踏まえ，これからのオーディエンスの行動を把握するための方法の検討，あるいはテレビのメディアパワーの新たなる定義やその把握方法の検討などが課題として浮かび上がる。しかしながら，オーディエンス把握のための新しい調査手法や測定指標がテレビ関連業界内に受け入れられていくためには，それらの妥当性，信頼性とともに何よりもその必要性が十分に吟味された上でなくてはならない。

　まもなく生誕60年を迎えようとする日本のテレビであるが，これからもテレビには，新しいビジネス展開の主軸メディアとして，ソフトコンテンツの流通チャンネルの中軸として，あるいは人々の間に公共圏を育むメディアとして，発展を続けていくことが期待される。

●注●
1）　総務省「平成22年通信利用動向調査」（p.48）によると，日本のインターネット利用者数は2010年末時点で9462万人，人口普及率は78.2％（6歳以上人口対象）に達する。
2）　「国民生活時間調査」とは，NHK放送文化研究所が1960年以降5年おきに秋に行う調査。全国10歳以上の国民を対象に「時刻目盛り日記式」によって配布回収法で行う。2010年調査の有効回収サンプル数は4905。
3）　当該接触行動を15分以上した人が全体の中で占める割合。
4）　当該接触行動をしなかった人も含めた調査相手全体の平均時間。
5）　NHK放送文化研究所（2011）『日本人の生活時間2010』pp.48-52
6）　同上書，p.72

7) ここまでのデータはすべて2010年実施のNHK国民生活時間調査から。
8) 前掲書6) pp.63-65
9) 内閣府「消費動向調査」によれば，2011年3月末の光ディスク（DVDやブルーレイ）プレイヤー・レコーダーの一般世帯普及率は72.8％に達する。
10) 英国や米国においては，録画して一定期間内に再生視聴された時間も捕捉カウントし，リアルタイム視聴に加算する方法を採用している。
11) TBSテレビをキー局とする全国28の民放テレビ局（＝JNN系列）が毎年秋に実施する全国調査。1971年以来40年間にわたる時系列データの蓄積がある。全国の13〜69歳の男女個人を対象にメディア接触，商品購入・所有，ライフスタイルなど広範な領域について配布回収法で行う。有効回収サンプル数は約7400。
12) これらのデータは渡辺久哲「『番組難民』増殖中!?」『GALAC』2012年2月号，pp.12-18で，2010年までのデータについて紹介している。本章では2011年調査のデータが追加されている。
13) JDBは，1992年以前には13〜59歳男女を対象としていた（60〜69歳は対象外）ので，本稿の時系列比較は13〜59歳の平均値で行った。
14) 1989年3月には日本通信衛星㈱がJCSAT 1号を，同年6月には宇宙通信㈱がスーパーバードAを打ち上げた。
15) 「テレビは20代にどう向き合ってゆくのか」『放送研究と調査』2008年6月号，pp.2-21
16) 前出のJDB2011年11月全国調査によると，フェイスブック利用率は全体（13〜69歳男女）で8％だが，中核の男20代で15％，女20代で18％。ツイッターの利用率は全体で11％，男20代で25％，女20代で30％まで達し，今後のさらなる伸びが予想される。
17) Don Tapscott（2008）*Grown Up Digital*, McGraw-Hill. 日本語訳は栗原潔『デジタルネイティブが世界を変える』（翔泳社，2009年）。調査対象国は，米国，カナダ，英国，ドイツ，フランス，スペイン，メキシコ，ブラジル，ロシア，中国，インド，日本である。
18) 橋元良明ほか（2010）『ネオ・デジタルネイティブの誕生』
19) 橋元良明編（2011）『日本人の情報行動2010』p.44
20) 第4回日本人の情報行動調査の生活行動時間調査においては，携帯電話にスマートフォンやPHSを含む形で測定している。
21) 2011年7月24日で東北3県を除く全国でアナログ地上波は停波，東北3県も2012年3月末でアナログ波停波となり，完全デジタル化が完了した。
22) これはビデオリサーチ社の視聴率の定義である。
23) 総務省（2010）「ソーシャルメディアの利用実態に関する調査研究」p.3
24) インターネット上の仮想世界のことで，アバターと呼ばれる自分の分身を介して他の利用者と交流することができるサービス。

25) 電通総研編（2012）『情報メディア白書2012』p.226
26) メンバーの間で現実にメールでやり取りをして，オフ会も比較的ふつうに行われていることから，疑似的なものとはいえないだろう。
27) この点に関しては『日本的ソーシャルメディアの未来』（2011，技術評論社）の中で濱野智史が，「時間」の認識という切り口で興味深い議論を展開している。
28) 掘田正男（1996）『アメリカ放送史物語　上』（東海学園女子短期大学国語国文学会の『東海学園国語国文』（第42号・平4.10～第48号・平7.10）に「アメリカ放送史研究」として発表したものに補筆のうえ合本したもの）
29) ちなみに，ソーシャルメディアではコミュニティの中だけに存在する内輪な時間の共有も可能である。
30) 鶴見俊輔（1984）pp.108-138。テレビで放送されるドラマやプロ野球中継や音楽番組などが「日本人であることの愉快さ」を盛りたてる上で大きな役割を果たし，「日本人として統一をつくり出す仕組み」として機能していることを指摘している。
31) 岩田幸也・坂井政文（2011）pp.4-17
32) 同上論文，p.14
33) 江利川滋（2012）pp.14-28
34) 米倉律・藤沢寛ほか（2012）「放送番組が媒介する新たな公共圏のデザイン」『NHK放送文化研究所年報』No.56, pp.7-50
35) 同上論文，p.10
36) 同上論文，p.48
37) 同上論文，p.47
38) 荒牧央ほか（2008）p.14
39) 前掲のJNNデータバンク全国調査でも震災前である2010年11月時点の調査で，ラジオの特徴として「災害時に頼りになる」が53.1％ともっとも顕出している。
40) 日本民間放送連盟・研究所（2011年10月）『東日本大震災時のメディアの役割に関する総合調査　報告書』に，仮設住宅居住者500人対象の聞き取り調査（2011年8月実施）および被災3県の住民を対象にしたネットユーザー調査（2011年9月実施）の結果が報告されている。
41) Households Using TV の略。総世帯視聴率のことで，全世帯のうちテレビを視聴していた世帯の割合。
42) 瓜知生（2011）
43) 吉次由美（2011）p.21
44) これに関しては藤平芳紀（1999）pp.37-44に詳細の記述がある。
45) テレビ広告には，提供CM（番組CM）とスポットCMがある。提供CMとは，スポンサーが提供する番組の枠内で流すCM，スポットCMは番組終了時に番組と番組の間に流すCM。詳細は日本民間放送連盟編（2007）pp.419-422参照。

46) もともとは1編成期つまり6ヵ月間の取引が基本であるが，最近は短期化しているものもあるという。
47) 電通総研編（2012）『情報メディア白書2012』p.126
48) 元来の統計学的な代表性。つまり，サンプル調査のデータと対象全体を調査したら得られたであろうデータとのズレ（標本誤差）の少なさのこと。

引用・参考文献

総務省（2011）「通信利用動向調査」
NHK放送文化研究所編（2011）『日本人の生活時間・2010』NHK出版
内閣府（2011）「消費動向調査」
渡辺久哲（2012）「『番組難民』増殖中⁉」『GALAC』2012年2月号，pp.12-18
荒牧央・増田智子・中野佐知子（2008）「テレビは20代にどう向き合ってゆくのか」『放送研究と調査』2008年6月号，pp.2-21
Don Tapscott (2009) *Grown Up Digital*, McGraw-Hill.（栗原潔訳（2009）『デジタルネイティブが世界を変える』翔泳社）
橋元良明ほか（2010）『ネオ・デジタルネイティブの誕生』ダイヤモンド社
橋元良明編（2011）『日本人の情報行動 2010』東京大学出版会
総務省（2010）「ソーシャルメディアの利用実態に関する調査研究」
電通総研編（2012）『情報メディア白書 2012』ダイヤモンド社
濱野智史・佐々木博（2011）『日本的ソーシャルメディアの未来』技術評論社
掘田正男（1996）『アメリカ放送史物語　上』（私刊）
鶴見俊輔（1984）「共通文化を育てる物語」『戦後日本の大衆文化史』岩波書店，pp.108-138
岩田幸也・坂井政文（2011）「テレビ番組とWEB上のクチコミにおける関係性について」『JAPAN MARKETING JOURNAL』No.122
江利川滋（2012）「ソーシャルメディアを傾聴するテレビコンテンツ・マーケティング」『JAPAN MARKETING JOURNAL』No.123
米倉律・村上圭子・小川浩司ほか（2012）「放送番組が媒介する新たな公共圏のデザイン」『NHK放送文化研究所年報』No.56, pp.7-50
日本民間放送連盟・研究所（2011）「東日本大震災時のメディアの役割に関する総合調査　報告書」
瓜知生（2011）「3月11日，東日本大震災の緊急報道はどのように見られたのか」『放送研究と調査』2011年7月号，pp.2-15
吉次由美（2011）「東日本大震災に見る大災害時のソーシャルメディアの役割」『放送研究と調査』2011年7月号，pp.16-23
藤平芳紀（1999）『視聴率の謎にせまる』ニュートンプレス
日本民間放送連盟編（2007）『放送ハンドブック改訂版』日経BP社

第3部

3.11を通して考察した
ソーシャル・メディアと放送メディア

第9章
〈3.11〉はメディアの現在を
CTスキャン［断層撮影］した
―マスとソーシャルを考える―

前川　英樹

はじめに

　この原稿は，2011年の11月，〈3.11〉から8か月経った時点で書いている。
　いま，メディアについて語ることは，〈3.11〉とは何だったのかを語ることである。それは，"〈3.11〉がメディア状況をどう切り取ったのか"を考察することを通して，"メディアが震災をどう切り取ったか"を考えることだ，と私は思う。
　では，そのことをどう語ることにしようか。その構成を以下のように考えた。
　第一に，メディア，ここではテレビが〈3.11〉をどう伝えたかということより記者やディレクターたちがどのように現場に立ち，何を伝えようとしたか，そのことを考えたい。そして，職業としてメディアで仕事をするとはどういうことなのかを考えてみたい。その上で，〈3.11〉とは何なのか，それを持続的に取材し記録するとすれば，その時記者やディレクターたちはもちろん，放送人は何をどのように考えるべきなのか，そのことを探りたい。メディアにとっての〈3.11の意味〉は，そのようにしてしかみえてこないだろう。そのためには，巨大災害あるいは原発事故について考察した識者の知見をテキストとして考えたい。
　第二に，この拙論を書き始めた段階で，私はまだ被災地を見ていない。これを書いている間に，恐らく現地に行き，その現場を見ることになるだろう。半

年以上の時間を経た私が見た現場，それを本稿の一節として記録することになるだろう。私は何を見るのだろうか。

　第三に，以上のことを踏まえて，〈3.11〉をとおして，テレビとソーシャルメディアの関係を考えることになるだろう。私自身は放送人の視点で，テレビがこれからソーシャルメディアとどのような関係を構築すべきかを考えたい。一方，ソーシャルメディアの視点から〈3.11〉を考えることも欠かせない。そのためには，〈3.11〉をソーシャル・ネットワーク[1]をとおしてメディア体験した人たちの力を借りることになるだろう。

　最後にそれらについて書くことの中から，放送の，とりわけテレビジョンの，「可能性」と「不可能性」について，私が何を考えているか，それを書いてみたいと思っている。

　では，始めよう。

I　いま，メディアについて語ること
—〈3.11〉の現場と原理—

　〈3.11〉をメディアはどう伝えたか，あるいは〈3.11状況〉をどう伝えてきたかについては，メディア側の自己評価，ソーシャルメディア上のマスメディア批判，他のマスメディアからの批判などなどいろいろある。どの視点で，どう切り取るかは実に多様だ。テレビ・ラジオの速報性や同報性を評価するものから，特に，原発事故報道にみられるマスコミの〈当局情報〉依存への批判，そしてその対極にあるネット・ソーシャル系メディア情報の自立性・有効性の評価まで。

　そうしたメディア状況の中で，放送における震災報道に限っても，すべての番組はもちろん，いわゆる〈特集〉といわれるものだけでも相当数であるのだから，そのすべてを把握することは不可能だ。その中から，どれを選んで何を論点とするかはほとんど恣意的といっていい。そのことを承知の上で，それでもマスメディアとしての放送が，〈3.11〉をどうとらえたか，あるいはどうと

らえてはならなかったかということを語ることはできるだろう。

大事なことはそれだけではなく，その上で「〈3.11〉とは何だったのか」という本質的あるいは思想的テーマについて，どれほど視線を行き届かせているかを問うことであろう。現場としての〈3.11〉の状況に向き合うことと，論理的かつ歴史的に〈3.11〉を考え抜くことの2つの作業が，メディアの現在には欠かせないのである。

Ⅰ-1 「3.11大震災　記者たちの眼差し」のこと

まず，テレビが切り取り，そして伝えたことについてである。

テレビ番組として「3.11大震災　記者たちの眼差し」（2011.6.5. 放送）および「オムニバス・ドキュメンタリー　3.11大震災　記者たちの眼差しⅡ」（2011.9.10. 放送）を取り上げる。それぞれ約8分程度のエピソード（エピソードというより，これらはやはりドキュメントというべきだろう）が，Ⅰ（6.5. 放送分をⅠとする，以下同じ）は24本，Ⅱは17本で構成されている。放送時間は各約3時間である[2]。

この番組を事例として取り上げる理由は，制作意図にある通り，JNN（Japan News Network）系列のローカル各局の記者が取材したオムニバス形式のドキュメントであることによって，そこにはさまざまな視点が混在していること，そして一人称＝個人目線が基本であることである。つまり，キー局あるいは本社の編成や報道デスクの〈枠〉からある程度距離を置くことにより，テレビ・ジャーナリズムの特性や問題点がかえってみえやすくなっていることが，この企画の特色である。

「3.11大震災　記者たちの眼差し(Ⅰ)」の24本は，6月5日に放送されたもので，9月6日のⅡより3か月早い分だけ直接的体験が記者たちの言葉で語られている。今見ても，被害の凄まじさ，体験の生々しさが際立つ。その中から，特に印象深い記録についてコメントしてみよう。

記者たちの中には，たまたま取材中に

第9章　〈3.11〉はメディアの現在をCTスキャン［断層撮影］した　　193

午後2時46分に遭遇した者もいる。

　TBC（東北放送・宮城）の武田記者は仙台市若林地区で取材中に地震に遭遇。避難しつつ撮影を続けたが，16時05分に津波が迫ってきて，「逃げます　足もとまで水が来ました」と言い，16時12分に近くのビルの3階に避難。その時階下はすでに激しく海水が流れ込んでいる。近くの家の屋根に避難している人を助けるが，その後夜の闇の中で「もう限界です　助けてください」という声を聞きつつどうにもならなかった被災者のことが忘れられない。

　取材と救助の問題は，震災3日目に気仙沼に入ったCBC（中部日本放送・愛知）の尾関記者も経験する。屋根の上に取り残されたままの老人を見つけ消防隊員を呼ぶが，「応援の人と梯子を」と頼まれ，取材途中で救援行動を選択する。

　釜石で津波を間近に見て，そのあまりの凄さに言葉を失い「凄いパワーです　恐ろしい光景です」と繰り返すしかなかったIBC（岩手放送）の木下記者は，その後瓦礫の中から，ランドセルや結婚式の写真を見つけて撮影するが，無力感・罪悪感の中でカメラを回すことに逡巡する。「映像は残ると思いたい」という複雑な感情を語っている。

　RKB（RKB毎日放送・福岡）の古山記者は，気仙沼を取材中の遺体捜索現場で，「もしや生きてはいないか」という思いで自分の子を探しに来た両親に出会う。そこで発見された遺体が，その子だった。取材を拒否されるかと思ったが，「今何を思ってますか？」（彼は，自分でも酷い質問だと思っている）とマイクを出す。親はうめくように答えるが，よく聞こえない。この部分は，放送（OA）では余震発生のため緊急情報対応でカットされてしまった。後日，放送されなかったことを告げに両親のところに出向くが，「余震があったから仕方ないね」といわれる。古山記者は「（OAでカットされたことについて）私は，納得していない」と，番組の中で語る。

「3.11大震災　記者たちの眼差しⅠ」エピソード4
CBC 尾関記者（気仙沼）

「3.11大震災　記者たちの眼差しⅡ」の17本は，やや時間がたった分だけ災害の後に人々は何を思っているのか，それをこれから自分たちはどう伝えたらよいのか，という記者たちの新たな困惑と懊悩がみられる。

　時間がたってもなお「圧倒的な無力感」を感じるというのは，TBSの深井記者だ。それでも，日がたつほどに，「現地の復興の様子を取材する」というテーマを背負って現場に来た記者たちは，〈見る〉ことで「復興ストーリー」にはまることをためらい，困惑し，状況と人々を見直そうとする。IBC高橋記者は「ニュースが取り上げない日常，ドラマ的でない状況」こそ大事だという。こうした取材態度は，Ⅰの中でも，いくつかみられた。

　ATV（青森テレビ）伊藤記者は「春の甲子園を応援する避難所の人々」を取材したが，避難所でテレビを見ていたのは数人だけという現実を知る。メディアと被災者との間に距離があるのだ。

　CBC有本記者は，仮設住宅を選択せず，避難所の中でただ日々を過ごしていく人たち，次の一歩が踏み出せない人たちがいることをみつめる。誰でもが「復興へ向けて…」とはいかないのだ。

　RKB松本記者は自分自身が障害者であることを，自らに課したタブーを破って明らかにして，障害者の被災者たちを取材する。障害者たちは「自分はこれだけのことができるという自尊心」に支えられてきたが，避難所・仮設住宅の状況は，障害者を埒外に置いているため，彼らの自尊心が壊されてしまっていることを見抜く。

　TBC米村記者が取材した日本に帰化した韓国人女性は，夫が行方不明だ。夫の死亡は認めたくないが，災害弔慰金を受け取るために死亡届を提出する。受理された帰りに「今日から，1日2回食べられるよ」とわが子に語りかける。

　オムニバスの最後で，SBS（静岡放送）岸本記者は，現場の光景とテレビ映像の違いに茫然とし「現場に立ちこめる臭い，靴底が感じる砂の感触」を確かめつつ，「テレビは何を伝えているのか」と自問する。被災者たちに，テレビに何を期待しているかと問えば，〈時代劇，AKB48，昼ドラ，ワイドショー，などなど〉という答えが返ってくる。この落差…。「映像は無力，コトバは虚

しい…テレビに何ができるのか」と立ち尽くす。

　Ⅱには，福島原発の被災者たちへの取材もあるが，もっとあってもいい。もちろん，被曝のリスクがあるので取材制限があるのはやむをえまいが，原発事故の甚大さ深刻さを考えれば，これだけでひとつのシリーズができるはずだ。

　その中で，TUF（テレビ・ユー・福島）遠藤記者は，原発事故で80年続けてきたサラブレッド牧場が廃業する日を取材する。「こういう終わり方は理不尽だ」「どうしてこんなことになってしまったんだ」。まことに"理不尽"である。それが伝わってくる。

　南相馬の酪農家で，広島原爆の被爆者を取材したのはRCC（中国放送・広島）藤原記者だ。「原爆も原発も破裂すれば同じ」「止められないものを作ったのは人間のミス」。年老いた酪農家の言葉は重い。

　以上，40本を超えるエピソード（小ドキュメント）から，いくつかをピックアップした。

　全体として，企画意図である「オムニバスという形式」も，「一人称＝個人目線」も成功している。

　付け加えれば，〈一人称＝個人目線〉でとらえた情報は，そこに個人の心情・思考・判断が反映される。そうだとすると，それはニュースの客観性に反しないかという疑問があるかもしれない。放送法第4条1項3号は「報道は事実をまげないですること」と定めてある。もちろん，法の規制以前に，そもそも「事実をまげない」ことは大切だ。だが，それは「事実」というものが客観的で唯一の存在であることを意味しない。事実は記者の数だけあると考えるべきであろう。そこに，情報の多様性の意味がある。

　さて，それでは，このオムニバス形式のドキュメンタリーから私たちは何を読み取るべきだろう。

　記者たちは，テレビ報道のための取材として現場に足を運んだ。かれらは，現場に立つまでそのことに疑問を感じていなかったはずだ。しかし，現場に立

った時，いま，テレビ記者であることとは何なのか，しかも，テレビ記者でありながら「一人称＝個人目線」で〈見る〉こととは何なのか，を自らに問うていることを発見したであろう。記者たちは「なぜ自分は〈この状況〉をテレビで伝えるのか」という問題と向き合ったのである。

　それは，東日本大震災のような非日常＝劇的状況でなく，ルーティーンな仕事においても潜在的には問われていることだ。しかし，今回のような，恐らく極限といっていいであろう状況においてこそ，取材者である自分は何者であり，なぜそれはテレビなのかという問いが，鋭く立ち現われる。その時，記者たちは「テレビ局に就職したから，テレビ記者なのだ」という答えだけでは，状況と向き合ったことにはならない。なぜならば，就職とは企業により選別されることであって，自分がテレビを選んだことの根拠にはならないのである。だから，震災の現場で記者たちが問うべきなのは，「いま，いかにして自分はテレビを選ぶか（選び返すか）」[3]ということであり，「職業としてのテレビ記者である自分に何ができるか」，ということなのである。「3.11大震災　記者たちの眼差し」ⅠおよびⅡから私たちが読みとるべきことは，そういうことである。

　東日本大震災は，これからも長期にわたって報道されなければならない。特に，福島原発事故については，半永久的に見続けなければなるまい。「持続すること　広めること　深めること」，それが今後の報道の基本になることは間違いない。そうであればこそ，職業としてのテレビ記者・制作者であることをとらえ返す意識が必要なのだ。テレビ情報とソーシャルメディア情報の関係について考えるときに，メディア特性や社会的関係の相違としてではなく，少なくとも現在は，職業として取材するという行為がテレビにおいて成立していることがひとつの重要なポイントであるといえよう。このことは，免許事業である放送が，「官製情報」の伝達機関から自らを引き離すモメントとしてとらえる必要がある。なぜならば，そこでは職業人として〈自立〉するための〈自律〉が問われるからだ。

I-2 「持続すること　広めること　深めること」のために
　　―本質的に考える，とはどういうことか―

　では，今後も長期にわたって取材する，すなわち持続し，広め，深めるために，記者やディレクターはどうすればよいのか。終わりのない取材だということを前提にすることはもとより，対象を広げ，あるいは取材対象者と密着し，関係を深め，状況を掘り下げるということもあるだろう。だが，大切なのはこの〈3.11〉の意味するものは何なのか，大災害と人間のかかわり方，それを考え続けることが「持続すること　広めること　深めること」のために必要なのだ。本質的にあるいは論理的に考えるとは，そういうことであろう。

　その入り口として，佐々木中の論考を取り上げてみよう。さらに，〈3.11〉から早い時期（2011.4.10）にUstreamで行われた内田樹，中沢新一，平川克美三者の鼎談（『大津波と原発』朝日新聞出版，2011年）に触れた後に，山本義隆の『福島の原発事故をめぐって　―いくつか学び考えたこと―』（みすず書房，2011年）を通して，原発事故について考える視点の構築についても考えてみたい。最初に書いたとおり，〈3.11〉をめぐってきわめて多くの書籍が出版されている。その中からどれを取り上げるかは，結局恣意的になるしかないのである。

■〈それをまた創り直さなければならない〉
　　―破壊されたアイデンティティーを取り戻すために―

　『砕かれた大地に，ひとつの場処を』[4]で，佐々木中はハインリッヒ・フォン・クライスト[5]の小説『チリ地震』を引いて，「かくして地震とはグルンドの動揺であり，根拠の動揺である。そこにおいては法や秩序や信仰が崩壊し，同一性が崩壊し，クライストが驚くべき筆力で書き切ったように，無根拠で惨めたらしく残虐で，非道徳で，救いがなくモラルがなく，われわれを無限に突き放す剥き出しの現実というものを露呈させるわけですね。この世に根拠があるなんて嘘かもしれない」と書いている。私は，「チリ地震」を読んでいない。しかし，佐々木中のいわんとすることは理解できると思っている。また，1647年にサンチャゴで起こった地震を描いた文学と，2011年の東日本大震災で起こ

ったことを比較することに意味があるのかと思われるかもしれないが，佐々木がいう「小説や文学作品からしか考えられない」ことは，やはりあるのだと思う。

確かに〈3.11〉では，「無根拠で惨めたらしく残虐で，非道徳で，救いがなくモラルがなく」といったような現象はほとんど見られなかっただろう。しかし，地震直後には法と秩序の崩壊はあったし，この世に根拠があるなんて嘘かもしれない，と思った人は確かにいただろう。被災者はもちろん，「3.11大震災　記者たちの眼差し」の記者やディレクターたちも，現場でそう思ったに違いない。そのことは，記録された彼らのコトバにはっきり残されている。それに，そもそも福島原発事故は，被害者からみれば「無根拠で惨めたらしく残虐で，非道徳で，救いがなくモラルがなく，われわれを無限に突き放す剥き出しの現実というものを露呈させ」ていないだろうか。

佐々木中はまたこうも書く，「自分が自分であるということは，自分の歴史を，自分の物語を語ることによって保証されます。自分がどこで生まれてどうやって育ってこういう苦難を乗り越えてここにいるという，自分の歴史を語ることによって，自分のアイデンティティーは成立します。震災はそれを破壊してしまう。」，と。瓦礫の中で，先祖の位牌や家族の写真を探す人々を私たちは知っている。そして，子に死なれた親，避難所から次の一歩が踏み出せない人，〈自尊心〉という生きる根拠を壊された障害者，などを私たちは知ってしまっている。大災害は人のアイデンティティーを揺るがすのだ。

安易に復旧復興とはいうまい，復旧や復興ではない別の新たな生き方はありうるのか。坂口安吾の「堕落論」「続堕落論」を読み解きつつ，佐々木中はこういう。「逃げ場はない，脱出はない，出口はないし，離脱はない。どこにも逃げられない。ではどうするのか。今ここで砕かれてしまった大地＝根拠を新しく作ることはできないのか。いかなそれが汚されてしまったとしても。生きうる根拠を新しく見出すために，この大地にひとつの場処を。」「堕落とは何か。すべての巨大な破壊，すべての膨大な死，すべての根拠の粉砕のあとで，すべての道徳が虚妄であることが暴露され，すべてが信じられなくなったあとで，

それらが無根拠であることが底の底まで知れてしまったあとで，これからわれわれが創り出すものもまた無根拠であり非道徳であり何物にもならずにいつかまた無残に打ち砕かれるものであったとしても，──それをまた創り直さなければならないということです」と。

　この歴史的大災害の先に何があるかを語るためには，ここのところをどこまでも考え抜かなければならないだろう。「今日からご飯が二度食べられるよ」という一言の意味はそこにある，と私は思う。食事が二度になることで保たれる家族のアイデンティティー，人間とはまことに切ないものだが，それでも生き残るということはそういうことなのだろう。ジャーナリズムとはそこに踏み込むことなのだ…持続し，広め，深めるために。そう思う。それが，被災した当事者ではないが，しかしこの現実を記録し，語ることを選んだ者である記者，ディレクター，カメラマンがそれぞれに人々の「生きうる根拠を新しく見出すために，この大地にひとつの場処を」とは何なのか，どうすればよいのか，考え続ける理由ではなかろうか。

〈なにかが折れてしまった〉
　─どのような歴史感覚で見，そして考えるか─

中沢　50年，100年という長いスパンで見ても，ここで日本史がきっと曲がっているなと未来の人は思うでしょうし，短期スパンで見ても，日本が大きく変わることになったと分かるんじゃないでしょうか。日本の近代史がポキッと折れたんだと思います。

平川　なにかが折れてしまった？

中沢　太平洋戦争の敗北でも折れなかった「なにか」，戦後には別の形をとって発展を遂げていった「なにか」が，今度こそはポキッとくじけて，そこからさてどちらの方向へ芽が出ていくだろうかというまことに重要な分岐点に今，来ているんだと思います[6)]。

　この歴史感覚は大事だ。

個人的にいえば，〈3.11〉の津波の映像を長野県のスキー宿で見たとき，間違いなくなにかが〈切断〉されたという感覚が自分の中を走った。そして，直感的にそれを戦後というスケールで考えるか，それとも近代という時間で考えるか，ということを思った。自然災害は社会的であり政治的なのである。

　〈3.11〉は，人によっては戦後の繁栄の崩壊と映ったであろうし，また別の見方をすれば，日本近代が行き着くところに行き着いた果ての景色とも映ったであろう。そのとらえ方によって復旧・復興への想像の仕方も違う。日本は何度も国難の中から立ち上がったとみる人もいれば，今回はそういう事例の外にある事態で「頑張れば何とかなる」というものではないという人もいる。個人的には，津波映像を見た瞬間に感じた「近代の切断」という見方が妥当だと思っている。なぜならば，戦後という区切り目は，その前後にいうほどの断絶はないのではないか，つまり明治維新から現在までという幅の方が連続性が強いと思っているということもあり，また特に原発事故については，戦後的事象というより，近現代科学の破綻と思えるからだ。では，記者やディレクターたちは，それぞれにどのような歴史感覚をもっているのか，それによって〈3.11〉の見え方も，その後の日本のあり方への想像も違うのだから，そこを自分で詰めていくことも「一人称＝個人目線」の持続の多様性のための大事なポイントであろう。〈3.11〉とは，「ただ伝える」ということをはるかに超えた事象だと思うのだ。つまり，否応なく「考えること」が迫られているのである。そして，記者たちやディレクターたちは，職業として〈3.11〉に関わっているのだから，「考えること」は仕事のうちなのである。

　ここでもうひとつ付け加えるならば，「3.11大震災　記者たちの眼差し」について，「一人称＝個人目線が基本」であることを評価したが，それではそのことと，「両論併記的中立性」（と，その限界）との関係はどうなのかという問題が，ここに浮上する。Ⅰで触れたように「職業としての記者・ディレクター」は，常に「一人称＝個人目線」であり続けるしかなく，目線の数だけ事実はある。一方，放送局という経営体としてのマスメディアは，免許事業という理由

ではなく，また制度的規制からでもなく，経営意思の存在を前提とするならば，個人の目線と〈局〉の意思が一致するということは構造的にありえない。したがって，記者やディレクターは"常に"自身の目線と局の意思との間に身を晒すことになるのであり，その緊張感をもち続けることがマスメディアを機能させるのである。それは矛盾というより多層的関係であるといったほうがよい。むしろ，そのことよりもいまマスメディアの問題は，経営体としての放送局の意思＝「メディアとしてどうありたいか」という戦略が欠落していることであろう。

〈人類に許された限界〉について
　「フクシマ」という言葉で語られる原発事故についても，ひとつのテキストを取り上げて考えてみたい。山本義隆の『福島の原発事故をめぐって―いくつか学び考えたこと―』（山本義隆・みすず書房）は，余分な情報をそぎ落とした簡潔で明快な原子力論である。
　その前に，私自身は原発についてこれまでどのように思っていたかについて率直に述べておきたい。基本的には被爆国日本は原子力についてナーバスであるべきだと思いつつ，しかし「技術中立性」という観点からは平和利用もありうるとも思い，日本の制御技術のレベルは高いのであろう，と思っていた。言ってみれば，それは情緒的理解であり，無自覚的に「安全神話」に陥っていたといえるだろう。それを考察と思考の怠慢といえばまさにそのとおりである。私の理解は全くの幻想だった。
　今回の福島第一原発の事故から分かってきたことは，「原発とはそんなものではない」ということであった。
　私の理解によれば，『福島の原発事故をめぐって―いくつか学び考えたこと―』は，余分な情報をそぎ落とした簡潔で明快な原子力論である。
　要旨は以下の通りである。
　① 核は，そもそも国際的な政治力学の下で推進された。
　　日本もその埒外ではない。核開発力＝潜在的核保有力＝核抑止力という関

係として機能する。核兵器保有合憲論は大国の地位の確保＝国際政治における影響力行使のための論理である。つまり，原子力について，〈平和利用〉か〈軍事利用〉かという選択は成立しない。

② 原子力発電は未熟な技術である。

「原発では，事故の影響は，空間的には一国内にすらとどまらず，なんの恩恵も受けていない地域や外国の人たちにさえ及び，時間的には，その受益者の世代だけではなくはるか後の世代もが被害を受ける」のであり，それは「子孫に対する犯罪」である。このように，「無害化不可能な有害物質を稼働にともなって生み出し続ける原子力発電は，未熟な技術と言わざるを得ない」。そのうえで，次のような証言を紹介している。「設計上の欠陥と設計・建設・運転における不十分さが積み重なって，私たちの考えでは，原発はかならず大事故を起こすということです。残る問題は，それがいつ起こるかということです」（GE社の三人の技術者）。それは，2011.3.11にフクシマで起こった。そして，「原発の場合，『一度でも大きな事故を起こしたらそれで終わり』[7)]なのである。とすれば，端的に原発は作るべきではないという結論になるであろう」と明言する。

③ 核は「人類に許された限界」＊を超えた。

科学技術史の著作で優れた実績をもつ著者は，その知見の上に立って「（3.11は）人間が自然に対して上位に立ったというガリレオやベーコンやデカルトの増長，そして科学技術は万能という十九世紀の幻想を打ち砕いた」と指摘し，「私たちは古来，人類の有していた自然に対する畏れの感覚をもう一度取り戻すべきであろう」，「一部の先進国が資源とエネルギーを浪費することはもはや許されなくなっていたのであり，根本的に新しい社会のあり方を見出す時が来ていたと考えるべきである」という。

＊「人類に許された限界」という表現は，最初の本格的な未来小説作家ジュール・ヴェルヌの「人工島」に書かれた言葉として引用されている。これに触れつつ「このヴェルヌの物語が特筆されるべきは，多くの人たちが『科学と技術を通じて，自然が用意したものよりもっと素晴らしい人工世界を無際限に作り出せるだろう』という『粗大な妄想』にとらわれていた十九世紀にあって，科

学技術が自然を超えられないばかりか，社会を破局に導く可能性のあることを，そしてそれが昔から変わらぬ人間の愚かしさによってもたらされることを，初めて予言したことにある」と山本はいう。

この山本義隆の考察は，「3.11大震災　記者たちの眼差しⅡ」に記録された，広島で被爆体験をした南相馬の酪農家の発言，「原爆も原発も破裂すれば同じ」，「止められないものを作ったのは人間のミス」に真っ直ぐに結びついている。

この山本の考え方には，もちろん異論もあるだろう。「生活は維持出来るか」「産業は衰退する」「地球温暖化はどうする」など。それはそれで当然だが，しかしどのような意見であれ山本の提示した論点にきちんと向き合うことが求められる。フクシマが今もって深刻な事態であることは誰もが認めるであろう。だから，メディアはおそらく半永久的にそれを伝え続けることになる。そのとき，フクシマのつまり原子力の問題の根源は何なのか，それを考えつづけるための原点がここにあるのではないだろうか。福島の原発事故について取材し報道することは，これらの認識についてどう考えるかということを避けては通れない。このことをわが身のこととして，痛切に感じている。

さまざまな原発についての考察や思考を情報として知るだけではなく，そこから何を読み取り，何を思考するかは，第一義的に記者・ディレクター本人の作業でしかあり得ない。それは，「記者たちの眼差し」の根底を形成する。であるがゆえに，マスメディアにおける表現の困難さ，組織内職業人の内部のアンビバレンツな関係がそこにある。それを引き受けるしかないのである。少なくとも，そのことに気づかない限り現場で何を見ようと〈表現〉には至らない。地震や津波の自然の猛威の前にした無力感や，原発事故の不条理に立ち尽くすということは，ただ呆然としているということではあるまい。もちろん，ただ呆然とするところから，すべては始まるのであろうが。

メディアにおいては，「現場」が α であり ω であるといわれる。それはその通りだが，同時にメディアで仕事をするとは，知的であるということだ。もちろん冗談としていうのだが，「いろいろ考えることがあって，現場に行く暇がありません」とでも偶には言った方がいい，という気にならないでもない。

II 東北に行ってきた

さて,ここまで書いたところで被災地に行ってきた。

Iではマスメディアが〈3.11〉をどう伝えたか,その時記者やディレクターは「職業として何を考えたか」,そしてこれからも長く続くであろう〈3.11〉の報道について,「何について考えるべきか」を,テレビを中心に語ってきた。では,私自身は何をみて,どう思ったのか。

以下は,東京に戻ってきた直後にTBSメディア総研ホームページの「あやとりブログ(あやブロ)」(11/15)に書いたコメントと写真である(一部加筆訂正)8)。

想像力を越えること ―〈3.11〉の現地に行ってきた―

11/11(金)

今日から3日間,東日本大震災の被災地に行くことにした。

8ヵ月が過ぎた。遅きに失したと思うけど,やっぱり足を運び,自分の目で見たいという思いは強かった。参加したのは,この〈あやブロ〉のメンバーの志村さん,木原さん,管理人の氏家さんと「調査情報」の金子登起世サン9),そして前川。

仙台に昼過ぎ着。仙台空港,名取川河口付近の閖上地区,仙台港を見る。

宮城県南部の海岸は,三陸のリアス式のように山が迫っている地域に海が深く切れ込んだ地形ではない。平坦な地面にそのまま海水が這い上がるようにして来たのだろう。空港や畑地をスルスルと浸していく不気味な映像を記憶しているが,海岸線から何キロも内陸まで傷跡が残っている。

氷雨のせいもあって,暗澹とした気分になる。

夜,河尻さん10)が合流したが,都合であす早く東京に戻ることになってしまった。残念。

河尻さんが早くから被災地ボランティアの経験があったので,そのことが今回の企画の刺戟にもなった。河尻さんに感謝。

閖上地区から仙台港に向かう被災地の風景

JNN 三陸支局　SNG 車[11]　　11/12（土）

昼前に，気仙沼の JNN 三陸臨時支局着。

龍崎支局長にいろいろ話を聞く。三陸臨時支局開設に共感していたので，訪問してよかった。三陸支局の存在は，放送メディアの在り方そのものに関わる意味がある。例えば，TBS の報道局長や支局長，あるいは各局から来ているスタッフたちが何を考え，どういう仕事をするかということだけでなく，そのような拠点を作ったこと，そしてそれを持続させることが大事なのだ。支局の状況を見て，改めてロジ（ロジスティック）の重要性を感じた。

各局から交替も含め，25人ほどのスタッフが常駐。毎日の定時情報などの取材・編集・送出。コストも容易ではないだろう。ネットのニュースとの違いは何か，システムと同時に情報の形式と意味についても考えさせられた。

午後，気仙沼，陸前高田，大船渡，大槌の被災現場を見る。

各地とも瓦礫撤去，整地作業の段階だが，「復興の槌音高く」という感じはない。気仙沼，大船渡は町の形は多少残っているが，廃墟という感じのままである。

陸前高田と大槌は町ごと消えてしまったということが良く分かった。何もなくなってしまったのだ。他にもそのような地区はあるのだろう。

3.11から日をおかずに現地入りした記者たちが「無力を感じた」というが，ほんとにそうだったのだろう，今だってそうなのだから。自然の力の前に人間が無力だということと，それを伝えるためには映像も言語も無力だということと。

破壊されたままの旅館（気仙沼）

海に戻れない船（気仙沼）

陸に打ち上げられた他の船は海に戻されたが，この船を戻すのは無理だという。大震災記念公園に〈記憶〉として残すという計画があるが，「この船に家を潰され

た」という住民もいて，どうしたらいいか決まってないという。最後は，解体するしかないのだろうか。
　写真というものは，ある何かを切り取ることだと思っていたが，何もないということは切り取り様がないということだ。いわゆる「絵になる」という風景とは，全く違う空間がそこにある。青空が切ないことを表現できない。

何もない街で電柱だけが新しい（陸前高田）

港ではない。地盤沈下で冠水している（大船渡）

瓦礫の山の前で人間は小さい（大槌町）

　夕闇せまるなかで見た大槌町は，惨憺たる感じが今でも残っている。土曜日のせいか，復旧・復興の工事もあまり見られず，一面に荒涼とした光景が広がっていた。

夕闇の大槌町

11/13（日）
　田老町。今回の震災で最大の津波に襲われた地区。
　ともかく，「すさまじい」としか言いようがない。圧倒的な力だ。
　8か月たった今でもそう思うのだから，あの日ここにいた人たちは，どれほどの思いで津波を見ていたのだろう。どんな音を聞いていたのだろう。たろう観光ホテル上層部にまで残る津波の痕跡を見て，その高さまで町全体が津波に覆われる情景は想像を超える。

第9章　〈3.11〉はメディアの現在をCTスキャン［断層撮影］した　　*207*

暴力的破壊力。何が起こったのかを想像することを超えるほどの凄さ。
　町役場の人だろうか，呆然としている我々に「お疲れ様です」と言ってすれ違って行った。
　矛盾した言い方だが，「心が物理的に壊されてしまった」のではないかと思ったが，たとえそうであっても，少し日が経てば，日常の営みが始まっている。人はそのようにしか生きられない…らしい。そのことにまた，コトバを失う。

破壊された防波堤（田老）

たろう観光ホテル

今回は，とりあえず見てきたこと，感じたことのスケッチにとどめる。
衝撃的な３日間だった。

衝撃的３日間

「あやとりブログ」はここまでである。

以下は，今回の視察で見たことを噛みしめつつ，改めて書いた文章だ。

仙台に日常が戻り，気仙沼では復興屋台が始まり，宮古の市場は賑わってい

た。

　だが，訪れた被災現場ではあまり人に出会わなかった。

　週末ということもあるだろう。

　廃墟のままでは人がいるはずもなく，また瓦礫が撤去されただけでは生活する環境とはいえない。

　仮設住宅や仕事を再開した場所に行けば，また違った情景を見たであろうし，異なる感想をもったであろう。限られた時間，限られた場所を見ただけでは〈何かを見た〉とはいえないかもしれない。

　でも，確かに私たちは見た。

　行ってみなければ分からないことを知った。もちろん，行ってみても想像を超えることがあったであろうことも知った。そして，見たことを如何に伝えるか＝如何に伝わらないか，の困難さも知った…つもりだ。「3.11大震災　記者たちの眼差し」で，記者やディレクターたちが立ち尽くしたことを，その場に立ってあらためて思った。

　8ヵ月経ってしまったのだから，3.11直後とは状況は当然違う。

　それでも，というより，それだけに剥き出しの空間，整地整理されようが，廃墟が残されたままであろうが，その空間に何度もたじろいだ。8ヵ月という時間の早さも遅さも感じたのだった。

　そして，すれ違うように出会った数少ない人々は，彼らの日常を生き始めているようにみえた。

　そのことに，また唸るしかなかった。

　私たちにできることは何だろう。

　ともかく，継続して東北Watcherであるべきだ。

　そして，フクシマも，フクシマこそ，だろう。

III　メディア論のために
―情報の形式と意味について―

II-3でJNN三陸臨時支局を訪れたことに触れつつ「あやブロ」にこう書いた。「各局から交替も含め，25人ほどのスタッフが常駐。毎日の定時情報などの取材・編集・送出。コストも容易ではないだろう。ネットのニュースとの違いは何か，システムと同時に情報の形式と意味についても考えさせられた。」

〈3.11〉は，情報の在り方，マスとソーシャルの関係についても，いくつかの基本的問題を提起している。ここでは，三陸臨時支局の意味を入り口にしつつ，メディア論的論点をスケッチしておきたい。

III-1　マスメディアのポジションと構造的問題
―テレビの内側からテレビメディアとソーシャル・ネットワークを考える―

テレビニュース「情報のシステム」について

JNN三陸臨時支局に常駐するおよそ25人の人々と取材・編集・送出のための機材や車両，その活動を支えるロジと呼ばれる仕事，それらに必要なコスト，そして今後もある程度の期間継続するであろう報道活動の総体は，どのような情報として提供されるのか。日々の定時枠の数分のニュースと時折まとまった形で制作されるレポートなどである。それらは，地上波，BS，CS，そしてネットに配信される。

これらの情報の価値とこの〈支局〉という拠点で行われる活動との関係を考えると，果たして双方は見合っているのだろうか，という問題が浮上する。いうまでもなく，このような機材力・機動力・マンパワーを継続的に機能させ，職業としてのジャーナリズムを成立させているのは，今のところ既存メディアしかない。

問題は，テレビが形成する情報空間が圧倒的だった時代から，「誰もが情報提供者で表現者になることを可能にした」というネットによる情報空間が急速

に拡張し，多様性・多層性という点でテレビよりはるかに柔軟なネットワークが成立している中で，こうしたテレビの情報システムはどれほどの有効性をもっているかということであり，それへの答えをテレビ自身が出さなければならないということだ。

　それは，取材・伝送・編集，そして放送としての情報提供という過程を経て，視聴者が〈知りたいこと〉に応えているかということだけでなく，この〈3.11〉とは何だったのかということを，記者やディレクターが自らに問い，人々に問いかけるという〈関係〉を作れるかどうかにかかっているであろう。その一点を持続することによって，テレビのニュースシステムが機材と要員とコストが他のメディアよりも大きなスケールのものであったとしても，そこに合理性と有効性が成立しうるであろう。テレビの同時性・同報性という特性が自明のものではなく，このような関係として成立することが必要なのだ。テレビによる基本情報の共有化はこのようにして成立する。それが，後にソーシャル・ネットワークとの関係の問題として触れる「行為としての公共性」である。

「情報の形式」とは何か

　20世紀に登場したテレビ・メディアの先行する新聞・雑誌に対する最大の強みは，〈時間性＝連続性〉であった。テレビは記録媒体に先行して伝送が始まったメディアであり，無線とはそういうものなのだ。このことは，VTRという記録媒体が登場した後でも，情報特性としてテレビメディアに刻印されている。それは，テレビ的表現が映画的なものと違うことの前提となっていて，方法の問題として意識されてきた。優れたテレビの先人たちは，テレビは映像ではなく〈時間〉であることを見抜いていた。〈私〉とテレビの関係を決定的にした1968年のTBS闘争で，彼らは「テレビは時間である」と喝破した。また，その頃NHKの和田勉は「テレビは液体である」[11]と言っている。その究極の形態が，〈生〉＝〈状況との同時進行〉であろう。

　ここで，TBS闘争について簡単にスケッチしておきたい。それは，私にとってTBS闘争の体験が，この項だけでなく本論全体の底流となっているから

である。

　「TBS闘争」は，1968年に，TBSで，①ディレクター村木良彦[12]，萩元晴彦[13]の配置転換問題，②成田空港建設反対運動のメンバーをTBSの取材車が同乗させたことに対する処分問題，③ニュースキャスター田英夫[14]の降板問題をめぐる闘争だった。

　この闘争の特色は，労働組合運動というより，「テレビとはなにか」というテーマを，会社に対しても社員に対しても，そして取材に来た記者たちをはじめすべての人々に問いかけたことにある。その中から「テレビは時間である（＝テレビは映像であるという信仰の否定）という命題が提起された。また，闘争の中心にいた萩元，村木に今野勉を加えた三人は，TBS闘争のドキュメントとして『お前はただの現在にすぎない――テレビに何が可能か――』（田畑書店，2008年再刊朝日文庫）を書く。

　この年，1968年は東大・日大などで全共闘運動が最盛期を迎え，世界的にはパリ五月革命[15]，プラハの春[16]，などが労働者・知識人・学生などに大きな影響を与えた年であり，後に〈1968年革命〉と呼ばれた年であった。

　私たちが3.11に見た津波の中継映像が圧倒的だったのは，この状況との同時進行性にある。放送はなぜ免許制度の下に置かれているかといえば，一般的には周波数の有限希少性や社会的影響力の大きさなどの理由があげられている。加えて，技術的には混信防止のための周波数監理という事情もあるだろう。しかし，本質的には権力による〈時間管理〉という電波メディアの構造に関わる理由があるように思われる。つまり，〈状況との同時進行〉とは，権力の管理を越えて電波メディアが本質的にもっている〈時間制＝連続性〉が剥き出しになっている状態なのであって，あの津波映像はまさにそのようなものだったのだ。もちろん〈津波〉がその時に政治的現象だったといっているわけではない[17]。

　こうした電波メディアの潜在的・本質的特性が，放送の規制原理として国家によりどれほど意識されているかは定かではない。しかし，もし放送が自ら言

論表現の自由について語るならば，この〈管理を越えた時間〉をどう認識し，論理化・方法化するかということは避けられない。このことは，編成という行為の根本問題でもある。編成とは個別の番組のラインアップだけでなく，ある状況で〈同時進行〉的行為を選択し決断する行為でもある。その意味で，(1)権力の時間管理，(2)放送局の経営意思，(3)編成判断，(4)現場に向き合っている記者は，時間性を巡ってそれぞれに原理的な緊張関係におかれる〈はず〉である（一般的には(3)は(2)を代行すると考えてよい）。

　20世紀後半の世界史的な政治環境の変化（しばしば，革命と呼ばれる）において，放送局をどの政治勢力が支配するかが重要な争点であるのは，国家という空間管理のためには，時間管理が必須の条件だからであろう。テレビ・ラジオの情報は，このような形式＝関係として作りだされる。

　ソーシャルメディアが形成する情報空間，すなわちソーシャル・ネットワークにおいて，情報発信者が随時情報を公開し更新することができるのに比べれば，放送は放送という形式の外に出られない。「インターネットの自由」とは，マスメディアである放送に比べれば，個的なつながり（ネットワーク）によって形成され，はるかに融通無碍であり，管理の困難性は高いということだろう。さまざまな情報が自主的に交換されることで，中心が不在の，あるいは多心的な空間ないしは関係が成立する。

　地方の情報拠点としての三陸臨時支局でさえ，一週間に定時枠とその他数分の固有の情報提供をするための25人のスタッフと取材・編集・送出用の機材，そしてそのための運用コストという総体としてのシステムが必要だが，ネット上の情報空間ではそのようなシステムはいらない。21世紀の政治変動がソーシャル・ネットワークと呼ばれる情報ネットワークをベースにするのはそれ故であろう。これもまた後に触れることになるだろうが，そのとき放送は「心ならずも」あるいは「意図せざる形で」，秩序維持機能を担う立場に立たされる（いや，それは放送にとって「想定された思惑」あり，「意図したとおり」であるかもしれない）。メディアは他のメディアとの関係でポジションを選択し，あるいは選択させられ，そのようにして機能する。情報の〈形〉がメディアある

いはネットワークの特性によって異なるのは、この意味で当然である。メディアと情報＝コンテンツは、相互に選択しあうことで形式が成立する。

情報の意味

　テレビの特性は「時間性」といったが、それは本質的であると同時に、あるいはそれゆえにというべきか、ポテンシャルなものである。通常のテレビ報道では、社会に発生する膨大な情報の中から〈取材〉という形で一定の情報が選択され、さらに〈編集〉という形で情報の組み立て＝意味づけが行われる。つまり、〈状況との同時進行〉は現場の記者の意識としてあるとしても、情報処理としては同時進行にはならない。

　情報は日々膨大な量で発生する。これを原情報とよんでおこう。その原情報から、「視聴者が見たい、知りたいであろう情報」、「視聴者が知っておくべき（と考えられる）情報」を切り取り、さらにそれを組み立てることで、ニュースが成立する。つまり、日々生起する膨大な情報（＝原情報）から、取材された情報（素材情報）を経て、ニュースとして仕上げられた情報（編集情報）に至るという工程がそこにはある。こうした作業を日常的にも、あるいは特別編成としても対応する力量をマスメディアは構築してきた。

　では、なぜマスメディアは、情報を切り取ったり、切り捨てたりすることが〈できる〉のだろうか。何を根拠に、あるいは何の権限でそのようなことが可能なのであろうか。これに対する答えは、これまではマスメディアの公共性として考えられてきた。

　一般的には、「国民の知る権利」に応えるための必要な情報を摘出し、整理し、解説することはマスメディアの本来的な機能・役割だということである。この場合、国民は知る権利を有しているが、知るべき情報が何かということについて、明確に自覚していないということが前提にされているであろう。

　もうひとつの理由は、より多くの人が知りたいと思っていることを想定し、それを知りやすい（受け入れやすい）形にすることで、媒体力効果を高め、広告媒体として機能させるということがあるだろう。既存マスコミは、この二つ

の仕組みで成立してきたといってよい。

　ところが，この二つの機能，特に前者のマスメディアの公共性は，ソーシャル・ネットワークにより新たな情報空間での情報の交換が成立し，新しいコミュニケーションの形が力をもつことにより，マスメディアの特権性ないしは視聴者との乖離として受け止められるケースが増えているようだ。〈3.11〉，特に原発報道へのマスコミ不信があるのは，ここに繋がる問題であろう[18]。

　民主主義というものが「民意の反映」だとすると，ソーシャル・ネットワークが形作る情報空間はより民主主義的で，マスメディアのそれは体制的ないしはエスタブリッシュメントだとも言える。こうしたメディア環境が急速に成長してきた結果，マスメディア，特に大衆型といわれるテレビは技術的条件によるシステムのあり方だけでなく，コミュニケーションの機能・役割のポジションが不透明になりつつあるのである。

　ここで多少政治についての注解を付け加えるならば，民主政治とは民意の反映であるといえばそれはまさしくその通りなのだが，それは煩瑣で非効率であり，情緒的に傾斜するおそれがあり危ういものであるということであり，そこが民主主義の難しさでもあるということになる。民主主義とは，それも含んで国民が選択し，国民が責任を負うものであろう。そうだとすると，テレビがシステムとして「原情報-素材情報-編集情報」という工程を構造化しているという意味は，きわめてデリケートなものとなる。テレビは，① 人々が求めるであろう情報を，② 人々が受け入れやすい形にして，提供するだけでなく，③「民意」という，個別かつ匿名にして多様な，しかしその時々に多数を形成する〈声〉を世論として提示しようとする。このような離れ業のようなことが，果たして可能だろうか。

　こうしたマスメディアの機能を「社会的包摂機能」とよんだのは，東浩紀だった。彼は2008年の秋葉原連続殺傷事件について，かつてはマスメディアによる「社会的包摂機能」が働いていて，〈事件〉の背景や意味について踏み込んだ報道が見られたが，2000年頃からだろうか，そういう対応が薄れてきた，という趣旨の発言をしている。

マスメディアの社会的包摂機能が衰退し，入れ替わるようにソーシャルメディアの影響力が大きくなるにつれ，マスメディアは，一方では意図や思惑とは別にその役割は秩序維持の側に傾斜し，他方では「民意の反映」に乗り遅れまいと「劇場型政治」に加担しているように思われる。社会的包摂機能をいいかえれば，それはマスメディアの公共性のことである。それが機能していたのは19世紀的調和原則が有効だった時代ともいえる。しかし，すでに，それは過ぎてしまった。

　問題は，社会的包摂機能＝公共的という関係が成り立たなくなった状況において，テレビがテレビ固有のメディア行為として何ができるのか，自分のポジションを自分で探り当てられるか，ということである。それは，旧来のマスメディアとしての振る舞い方に慣性の法則が働いている中で，それを越えてテレビ自身が見出さなければならないテーマなのである。秩序維持と劇場型という，それぞれに権力行為に通底してしまうベクトルから身を引き離すことができるだろうか，そしてその先に何があるのか，という問題でもある。そこから，放送法のいう「政治的公平性」「事実をまげない」「多角的論点の提示」の意味を問い直し，テレビによる情報空間のあり方とは何か，そのことをとらえ返すべきなのだ。

　だから，もう一度「なぜマスメディアは，情報を切り取ったり，切り捨てたりすることが〈できる〉のだろうか」という問いに立ち返らなければならない。マスメディアは，こうした論点を自ら問い直すべきなのだが，公共性を自明のものとすることで，論点を論点として深めないまま今に至っているようにみえる。とりわけ，放送は公共の電波の利用を免許として認められているのだから，そこでの言論・表現活動は公共的でなければならない（あるいは，当然そうである）というように，公共性の根拠を他律的なものとして規定するのは，政府機関の公共性と同一の構造として放送の公共性を位置づけるものではないだろうか。肝心なことは，公共性とは行為として実現されるものであり，その継続によって視聴者との信頼関係＝情報空間が構築されるという，自律的＝自立的な問題としてとらえることであろう。その時，「一人称目線」のオムニバスも，

三陸臨時支局のあり方も，他のメディアにはない力として改めて意味をもつだろう。

　本当に，どうして情報を切り取ったり，切り捨てたり，組み立てたり，何を根拠にそのようなことが〈できる〉のか，毎日毎日どうしてそのようなことを続けているのか，その意味を考えることが，今のメディアには必要なのだ。肝要なのは「仕事だから」ではなく，「なぜ，その仕事をしているのか」なのである。そのことで，どのような情報空間が形成され，それはソーシャル・ネットワークとどのように関係し，その情報はどのように共用化されているのか，あるいはいないのか。答えは容易ではない。だからといって，他人に聞けばわかるというものでもない。ここのところを考え抜き，その答えを探り，現場と思考を往復することだ。その積み重ねの中からテレビの〈可能性〉は見えてくるであろうし，それを放棄すればそこにはテレビの〈不可能性〉が待っているであろう。

　〈3.11〉は，まさにそのようにしてメディア状況をスキャンしたのである。

Ⅲ-2　ソーシャルは行動を喚起する—ソーシャルからテレビを見る—

　ここまでは，マスメディア（主としてテレビ）の側から，メディア状況とそれについての論点を探ってきた。ソーシャルメディアのことを意識しているが，それはマスメディアからの目線である。私自身はやはり「放送人」であり，放送に対して「自ら変われ」といい続けたとはいえ，それは放送内部からの変わることこそが第一義的だと思ったからである。変化とは，自ら変わるところに意味があるのである。では，ソーシャル・ネットワークをどう考えるのか？

　〈3.11〉とメディアという観点から，ソーシャルメディアの問題は外せないことはいうまでもない。むしろ，ソーシャルメディアについて語ることこそ，〈3.11〉がスキャンしたメディア問題の要であろう。

　そこで，ここからは「あやとりブログ」上の議論を材料に，そこに参加している若い世代のメンバーを水先案内人にしつつ論を進めていきたい。ここでは，志村一隆と河尻亨一の2人のコメントを参照しつつ論を進める。

ニューヨークの〈3.11〉メディア体験

　志村一隆は，〈3.11〉はニューヨークにいた。

　彼は3.19の「あやとりブログ」でこう書く。

　「地震が起きたとき，私はニューヨークに居た。向こうの深夜１時半頃，時差ボケのままツイッターをぼんやり見ていたら，とあるアメリカ人が『日本で地震？　CNNをみなくちゃ』とつぶやいている。

　早速，テレビをつけると，津波に逃げるトラックが飲み込まれ，海に現れた巨大な渦巻きに１艘の船が引きずり込まれている。それから朝まで，ツイッターとCNN，NHKの海外放送を見続けた。」

　そこから，志村の〈3.11〉のメディア体験は始まる。

　「福島の原発で最初の水素爆発が起きてから，CNNは地震報道から原発報道にシフトし始めた。専門家が，『いまの時点で，福島はチェルノブイリ，スリーマイルに次ぐ３番目に悪い原発の事故だ』というコメントを何回も流していた。NHKとTBSは，（ネット配信で）被災地の映像を流し続ける。現地の様子はよくわかった。ニューヨークからCNNとNHK，TBSの映像を見ていながら，いま必要なのは原発の解説ではなかろうかと思い続けていた。」

　「重要なのは，記者会見での発表の方法，言葉，表情ではなく，原発の行方，全体像ではないのか。その予測，分析に価値があり，その知見こそが権力との対峙に必要なものだろう。今回の報道で，マスメディア側の受け身な体質が深く感じられた。」（「あやとりブログ」2011.3.19）

　「この１週間，ニューヨークと東京，テレビ局，テレビ局のネット配信，海外メディア，ネットメディアと地震と原発ニュースを複眼で経験した。また，複眼（で体験）できる環境にあることがたくさんの人に知れ渡った。情報のセカンドオピニオンが広まる時代では，ジャーナリズムはより緊張感が必要だろう。」

　　補足：インターネットに配信されたテレビニュースを見ることは，テレビを見ることになるのかならないのかということはそれ自体，ほとんど意味がない。現代では，テレビを見る，テレビ情報に接するというのは，どのメディアを経

由するかという点において，まことに多様で，融通無碍と言っていいほどである。だからこそ，テレビはテレビ情報の意味を考え直さなければならない。どのようにして「テレビ情報の共有化」が図られるか，その時テレビ情報がどのように収集され，また編集されているか，つまりどれほどの〈質・量〉をもっているか，それが問題なのである。

　ここでの志村の指摘のポイントは，彼が「ネットテレビの衝撃」（東洋経済新報社），「明日のテレビ」（朝日新書）などで展開してきた，「メディア環境の急速な変化の中で，旧来のテレビビジネスは行き詰まり，破綻する」という〈ビジネス論〉的観点からではなく，テレビ・ジャーナリズムそのものの保守性に警告を発していることである。媒体（メディア）の問題としてではなく情報（コンテンツ）の問題として論点が深められている。このような〈3.11〉についてのメディア認識に至るまでに，「あやブロ」などでウィキリークスやいわゆるジャスミン革命についての議論や考察が重ねられ，それを踏まえてこのように考えるようになったのであろう。近著『明日のメディア』（ディスカヴァー携書）で，志村は「『テレビの時間性』は，情報の素早さや生情報をそのまま流す『機能』を指すわけではなく，それは事象の『切り取り方』それ自体を指し，その切り取り方が，事実とは別の領域に入ったときに，テレビメディアの表現論が成立するのです。」と書いている。ここには，メディアにおける時間性の問題，事実と表現の問題，など大事な論点が取り出されている。

　これについて簡単なメモとして触れておく。テレビ的表現があるとして，それはライブ性に限らないことは全くそのとおりである。その上で，テレビの「時間性・連続性」と「情報の編集」の問題について先に触れたが，「生情報をそのまま流すポテンシャルな危うさ（それがポテンシャルなテレビの可能性でもある）は表現論の問題というより，その前提になる〈場〉の問題であり，テレビがテレビであるための重要なモメントだと思われる。繰り返すが，制度化されたメディアが自ら制度を越えうるかという問いを問うために，ソーシャル・ネットワークがライブ情報として有効かどうかという問題とは別に，それは避けては通れない問題なのである。

　それにしても，ニューヨークで〈3.11〉を経験しつつ，問題のありかを的確

にみていることに感心すると同時に，インターネットをインフラとして形成されてきたソーシャルメディアの〈情報空間の時間性〉が，まさに「状況と同時進行」的に機能していることが，よく分かる。それは，「テレビは何故ソーシャルメディアと組まないのか。早晩〈メディア別〉に情報がやり取りされるということはなくなるのだから」という，志村の基本的な認識に直結するのである。

新宿の〈3.11〉メディア体験

次に，河尻亨一は同じ3.19の「あやブロ」に，〈3.11〉のメディア体験をこう記録している。

「地震発生時から初日の夜僕は新宿区新目白通り（自宅近所）にいた。揺れでまっすぐ歩くことができなくなり，木とビル群がゆっくりしなる様が目に入った。そういった異様な光景をみるのは初めてだ。揺れが収まると，すかさずiPhone からその模様を Twitter に投稿する。」（14：53）

「その後数百メートル歩いて，震源地等詳細が気になり iPhone で地震速報をチェック。多くの人がアクセスしているためか開かない。さっきのツイートにフォロワーからリプライが来ていたので返事する。地震の規模等把握したくなり帰宅。久しぶりにテレビのスイッチをつける（日頃は週一回くらいしか見ない）。」

「…画面に釘付けになる。次に映像は仙台・名取川河口付近に飛んだヘリからのレポートに切り替わった。遡上した津波が畑や家々を飲みこんでいく。"これ"が"いま"起きていることへの衝撃を禁じ得なかった。」

「そこで改めて事態のとんでもなさを実感。TL をチェックするとすべて地震がらみのコメントだった。だれもが動揺を隠せない。『Twitter で間違った情報を拡散しないように，テレビやラジオで正確な情報を確認してください』と書いている人がいたので，それへのコメント付き RT として，『仙台の映像を見て思う。しばし軽口も慎むようにします。必要な情報優先で』（16：04）と書き込む。『しよう』ではなく『します』とした。」[19]

「13日（日）。テレビを見ているうちに，どんどん自分が無力であるように思えてきた。ツイッターを見てみたが，同じような思いを抱えている人は多いようで，TL がザワザワしている印象。せっかくの情報が一本化できてない＆ワークしていない感じがして，だれのせいでもないが残念な気持ちになる。僕自身はそんな有様であったが，この段階で現れたまとめサイトには有効なものがあったのではと思う。」

「そうこうするうちに現地に行きたくなってきた。フィールドは違うが，取材者の性か。しかし，行く手だてはないし，現段階では行っても邪魔になるだけだ。夕方，辻元清美議員がボランティア大臣に就任したという報道に接し，辻元議員のアカウントを調べて＠で以下のコメント。」「初めまして。河尻亨一と申します。『広告批評』という雑誌をやっておりました者です。地震ボランティア，なんらかお役に立ちたいのですが，お力になれそうなことありますでしょうか。どうすればよいのかわからないので，ご連絡してみました。いつでも動けます。」（17：22）

ここでは，〈状況と情報と個人行為の同時進行〉が見事に描かれている。ソーシャルメディアに馴染んでいる多くの人たちは，このように行動したのだろう。私（たち）には，とても及びもつかない。これは，明らかに情報社会が別の位相に移行したことを示している。最早，誰が何といおうと，つまり既存メディアがその存在理由に合理性があったとしても（敢えて，既得権擁護とはいわないが），少なくとも情報環境は変革されたとしかいいようがない。だから，その上でマス系の存在の仕方は何かということになるのである。

そこから，河尻はこう発言する（「テレビにいま何が求められているのか？─震災報道に思うこと─」TBS メディア総研セミナー）。

「ソーシャルメディアは行動を喚起する。遠い場所での災害を自分ごとに変えるポテンシャルを持つ。それはいま，人びとの新たな行動指針にもなっている。

人びとが自発的に情報をシェアし自ら動く時代でもある。」

そして，テレビにこう問いかける。
「…テレビはこの"新しいメディア環境"を踏まえ，そこと真摯に並走する必要がある。今回テレビにはそれが出来ていただろうか」
彼は，現地でボランティア体験を重ね，多くのボランティアの試みを知る。そして，その上でテレビに対する疑問を率直に提起する。
「この３カ月。このような取り組みが無数に行われていた。
テレビはそういった時代の声をどれくらいキャッチできていただろう？
そして，テレビの可能性は？」と。
河尻は状況・情報・自己を同時進行させつつ，テレビのことを考えている。では，その「テレビの可能性」について，どうみているのか。
「なにより圧倒的多数の人びとに"いま起きている出来事"を瞬時に伝えられるのが，いまだテレビの強みであることは言うまでもない。」
まず，メディアとして同時性・同報性の強みを確認している。テレビが自己の特性を語る時，先ずこれをいう。だから，「ほらね，やっぱりそうだろう」とテレビに関わる人々は思うかもしれない。
河尻はこう続ける。「人々は自ら情報発信し，自らの判断でつながりを築き，リアルな事実と体験を手に入れることができる。だが，それぞれの行動はその時に刹那的でソーシャルメディアのTLに埋もれてしまうことが多い。大きなカルチャーの創出のためには，それぞれの価値を分析・整理し束ねるメディアが必要だ。ゆえに，テレビはその強みをどう生かすか？　が問われている。」
ここは，結構大事なところだ。
「やっぱり，放送は基幹メディアなんだ」と，したり顔をしてはいけない。
これまで，地上波のデジタル化や放送法改正に関する議論の中で，しばしばテレビ側から「放送は文化だ」という見解が示され，であるが故に「他のメディアとは異なる規律・規制があって然るべき」だという主張がなされた。つまり放送の特殊性を理由にして，制度上の融合からできるだけ身を引き離そうというベクトルが，そこでは働いていたのである。
河尻が「大きなカルチャーの創出のためには，それぞれの価値を分析・整理

し束ねるメディアが必要だ」というのは,「放送は特殊性」論の対極にあるテレビの評価軸だ。つまり,今のところソーシャル・ネットワークそのものには,価値を分析・整理して大きなカルチャーを創出する条件がないのであり,だからこそメディア特性としての同時性・同報性をもつテレビの「可能性」に意味が出てくるのだが,その「可能性」は,「放送が特殊」だからではなく,ソーシャル・ネットワークに対して開かれた関係を構築することで初めて成立するというのである。それは,「放送は特殊だ」論からはるかに遠い。「"新しいメディア環境"を踏まえ,そこと真摯に並走する」ためには,テレビ自身がテレビ認識を変えるしかないし,そうでなければ「この3カ月。このような取り組みが無数に行われていた。テレビはそういった時代の声をどれくらいキャッチできていただろう?」という認識に応えて,「行動を喚起する」ソーシャルメディアとテレビとの組み合わせを有効に機能させることもできないだろう。テレビは「時代の声に応えているのはテレビだ」と思ってきたのだが,それはどこかでずれてきてしまったのだ。テレビが〈同時性・同報性〉として,Broadcast（＝広く種を撒き散らす）した情報が人々によってどのように共有されるかといえば,かつての家庭や職場の会話に代わって,今やソーシャル・ネットワークを通して行われるのであるから,テレビはソーシャル・ネットワークと構造的に関係することでメディアとしての機能が成立すると考えてよいのである。

　テレビとインターネットとの構造的関係
　念のために付け加えれば,各テレビ局がインターネットとテレビの組み合わせに無関心なわけではない。それどころか,放送外ビジネスの柱として「番組」というコンテンツの商品市場として各局が相当の力を注いでいる。あるいは,ニュースのネット配信なども熱心だ。では,どうしてテレビからのアプローチでは,ネットとの組み合わせがうまく機能しないのか。
　そこにはおそらく二つの理由が考えられる。ひとつには,日本のテレビ放送がきわめて成熟した産業として成立してきたため,メディア環境は変化しつつ

あっても，いまだに市場では「慣性の法則」が働いているからだろう。それゆえに，テレビを核とした同心円的な，あるいはテレビを頂点とした垂直的なモデルから抜け出せないからだ。もうひとつは，それと裏腹の関係になるのだが，テレビからは環境変化に見合ったメディア論が出てこないということがある。いま，放送業界は創業時以上に危機の最中にあるのであって，その時明確なメディア論が不在では，次の方向を選択することなど不可能なのだ。この二つの理由から，河尻が「テレビというメディアを『コンテンツ・プラットフォーム』として機能させたい」という提言＝お誘いがあっても，「テレビメディアはテレビ番組の一次流通市場」であることを越えて，「多様なコンテンツ・プラットフォーム」として機能させるという具体的な提案は生まれにくい。

　テレビは，1968年に「テレビは時間である」という革命的メディア論を提示して以来，根源的なテレビ論を提示したことはないのである。

　さて，河尻は3.19の「あやブロ」をこう締めくくっている。

　「『3・11』はメディアの断層をも明らかにしたのか？　あるいは入れ子的メディア機能への可能性が見えたのか？　いずれにせよこれを機に社会が新しいフェーズに入って行く予感がしており，ライフに対する価値観の変化を見据えてメディアもいまこそ変わったほうがいいと考えている。ロスジェネ世代の実感として，『空白の10年』の再来はごめん蒙りたい。これほどの未曾有の事態に処するためには，難しいこととは思うが，実りなき足の引っ張り合いや無視はやめにして，ニヒリズムも気取らず，問題を前向きに捉え，知恵をシェアするしかないだろう。僕たちは引き続きこの国で生きて行かねばならないのだから。」

　ここには，〈3.11〉を「歴史事象」として認識しようとする感性がある。同時代をこれからどう生きていこうかという思考がある。

　ところで，彼が書き込んだ「入れ子的メディア機能」とは何か。

　2011.2.18の「あやブロ」の前川ポストにこう書いた。

　「『入れ子構造論』と題して，〈メディアノート〉[20]に５年前にこう書いたことがある。

『テレビはインターネットを取り込むことで情報社会のポジションを確保し，インターネットはテレビを環境として受け入れることで自らの将来を選択する。この『入れ子構造』は成長する」と。

だが，これもすでに〈メディアノート〉に書いたことだが，今やこの文章のテレビとインターネットを入れ替えなければ，テレビからは情報環境はみえない。つまり，『テレビはインターネットを環境として受け入れることで将来を選択する』と。ということは，『ネットのテレビ化』が進行しているということでもある。というようなことも含めて，これをさらに下のように書きなおしてみた。「インターネットはテレビを取り込む＝テレビ化することで，ただの〈ナウ〉なメディアになる」と。

もし，テレビがこのまま「サボり続ける」ならば，テレビに残されるのは国家安全保障装置の機能＝管理された時間による情報だけになるであろう。もちろん，そうであってもポテンシャルには，テレビは管理された時間の裂け目をみることも，そしてその裂け目に踏み込むことも可能性としてはあるのだが。」

ここ（「入れ子構造論」とそのバリュエーション）には，〈3.11〉を通してマスとソーシャルをめぐるメディア環境の変化の中で，「テレビが考えるべき基本構造」が概念的に示されていると考える。

これからのテレビに「可能性」があるとすれば，それは，ソーシャルという鏡に映った自分の姿から眼を逸らさずにみつめることから始まる。「自ら変わる」とはそういうことである。

Ⅳ　まとめ　マスとソーシャルの関係を考える
―〈3.11〉はどのようにメディア状況をスキャンしたのだろうか―

最後に，この拙論を総括しておきたい。

Ⅳ-1　「個人目線」と職業としてのジャーナリズム

「3.11大震災　記者たちの眼差し」は，記者やディレクターたちが〈3.11〉の現場に立った時，何を感じ何を考えたのか，そして自分たちに何ができるのか（＝何ができないのか）をどう思ったのか，すなわち彼らの「個人目線」について考察することで，「職業としてのジャーナリズム」という問題がみえてきた。

「個人目線」はジャーナリズムの基本であるが，同時にマスメディア情報が常に求められてきた「客観報道」との関係が問われる。また，テレビにおいては，取材・編集・放送というシステムも組織の業務として成立しているのであり，それゆえに「個人目線」とマスメディアにおけるジャーナリズムとの間には，基本的に緊張関係が形成される。このことを，記者やディレクターたちはどう考えるべきか（本来的にはデスクも管理者たちも，そしてメディア経営者も考えるべきである）。

こうした関係は，ソーシャル・ネットワークとジャーナリズムという，これから形成されていくであろう新たな関係性を考える際に，ひとつの視点を提起することになるであろう。

Ⅳ-2　身体的にして知的行為

「職業としてのジャーナリズム」というテーマを考えるということは，〈3.11〉についてどれだけ「広く・深く・多様に」考えるかということに繋がる。

〈大震災〉という事象を，人間のアイデンティティーに関わる問題としてどれほど深く見つめるか。また，どのような歴史感覚で見抜くか。〈原発事故〉について，根源的な問題としてどのように認識するか。〈3.11〉，とりわけ〈原発〉について半永久的に関わるということは，それだけ私たちの現在について

考えるということである。それは，近代とポスト近代のという問題であり，自然と人間の関係であり，科学技術に「ゆるされざる限界」があるかということであり，文明と市場経済との関係であり，などなどについて考え抜くことが求められている。現場に立つことと「考える」こととを，当然のことながら，両立させることでジャーナリズムたりうる。その意味で，ジャーナリズムとは，身体的にして知的行為なのである。

「考える」ことは，誰であれ，また関係する場がマスでもソーシャルでも変わりはない。しかし，「職業としてのジャーナリズム」においては「考える」ということが責任あるいは倫理の問題として発生するであろう。そこから，「政治的公平」「事実をまげない」「多角的論点の提示」といった法的規律をとらえ返すべきであろう。

IV-3 「職業としての制作」と「テレビはすべてジャーナリズム」について

今回は触れることがなかったが，同様に「職業としての制作」というテーマはもちろん成立する。そこから局と制作会社という論点も，あるいは表現行為とコンテンツ市場という論点も取り出せるはずである。ニュース会社というテーマも同様である。

付け加えれば，テレビはドラマもスポーツも音楽もバラエティーも，すべてジャーナリズムなのである。「3.11大震災　記者たちの眼差し」で，福島出身のお笑いタレントが原発事故をネタにするかどうかを悩むというエピソードが出てくるが，テレビのバラエティー番組のディレクターもそれに拮抗するくらい考えるべきだろう。

IV-4　東北を見る

実際に，東北の被災現場に立ってみて，記者やディレクターたちが〈その時〉に感じたであろうことの一端を知ることができたように思う。あらためて，「何を伝えたのか」，「何を伝えることができるのか（できないのか）」と疑うとこ

ろからメディア行為は始まる、そう思った。

　それと同時に、〈あの時〉テレビもラジオも、ネットも携帯も、役場の放送も断たれた中で、人々はどれほど情報が欲しかったであろうか。マスもソーシャルもない。凍てつく闇の中で、人の声と手の感触と何かの臭いや音、空気の流れ、などなどが情報だった数時間・数日のことは、記録としてあるいは文学として残されるべきだろう。

IV-5　マスとソーシャル(1)

　三陸臨時支局の25人のスタッフと機材とコストの意味は何かといえば、そのようにしてしか継続的かつ集約的に提供できない情報があるということだ。これも「職業としてのジャーナリズム」に関わる問題である。その上で、そのようにして放送された情報がどのような情報空間で共有化されるかが問題なのである。

　テレビ（あるいは放送）が形成してきた情報空間は、テレビが中心の同心円的な、またはテレビを頂点とした垂直構造型の構造だといえるだろう。これに対し、いまソーシャル・ネットワークが作りつつあるのは、多（あるいは無）中心的で星雲状の情報空間であろう。それは、テレビの同心円の外や垂直構造の外に生まれ、逆にテレビを取り込むほどの成長を遂げつつある。テレビ情報はこうしたソーシャル・ネットワークを通して共有されるのであって、むしろソーシャル・ネットワークをテレビ行為の構成要因として認識する必要がある。逆からみれば、テレビはソーシャル・ネットワークの構成要因であるのだ。そのためには、テレビはソーシャルという鏡に映った自分の姿をみつめることから始めるべきである。

IV-6　マスとソーシャル(2)

　〈3.11〉をソーシャルメディアの側からみると、ソーシャル・ネットワーク上の情報は「行動を喚起する」力を強くもつものであって、状況と個人行為を同時進行させる。この点で、テレビの「時間性・連続性」とは異なる時間構造

をもつ。

　他方で,「それぞれの行動はその時に刹那的でソーシャルメディアのTLに埋もれてしまうことが多い。大きなカルチャーの創出のためには,それぞれの価値を分析・整理し束ねるメディアが必要だ」という認識が,ソーシャルメディア側からも示されている。

　その場合,テレビが同心円的・垂直的な構造のままでいるならば,ここで求められている機能に応えられないだろう。現在進行形で形成されつつある新たな情報〈系〉におけるポジションをテレビが構築できるかが問題だ。この場合,〈系〉とは,中心から周縁へというような関係ではなく,森林系が「さまざまな動植物,微生物や水,空気,などの無機物も含んで構成される全体」というように,それぞれが個々に機能しつつ全体が活動する関係を意味する。したがって,新しく生成しつつある情報〈系〉の一機能として生きていかないと,テレビも〈系〉の中ではポジションを失う。「マスとソーシャルのハブ化」は,こうした認識をもつことから始まる。

Ⅳ-7　マスメディアと秩序維持

　ソーシャル・ネットワークの登場で,情報空間が変化した結果,テレビ（マスメディア）の立ち位置が相対的に保守化した。誰もが情報発信者になれるということは,コミュニケーションの場が広がる（量的拡張）ということだけでなく,マスメディアを通さなくても専門的な高度な情報に接すること（質的高度化）が可能になるということでもある。その分だけ,テレビはマスメディアとしての地位と機能が担保されやすい情報空間を維持しようとするため,権力との距離が近くなりがちになり,秩序維持機能に傾斜する傾向が生まれる。権力とは,そもそも秩序維持＝権力維持というベクトルに置かれているのだから,その時マスメディアが権力とどのような緊張関係を形成するかは,マスメディアの存在理由として極めて大きな問題なのである。

IV-8　テレビメディアの特性と可能性

　テレビの同時性・同報性はテレビのメディア特性であり，メディアの力（媒体力）の強さの根源であるが，同時に制度化されたメディアとしてのテレビは，ソーシャル・ネットワークからは「エスタブリッシュメント」として見られるであろう。「制度」には，法制度で規定された形式という意味だけでなく，社会的な慣習として認知されたものという意味も含まれる。

　では，テレビは新しい情報環境の中で可能性はないのか。そんなことはない。

　第一に，テレビの「時間性・連続性」という特性は，常に「管理されざる時間による情報の創出」という潜在的な可能性も内在させている。つまり，テレビは制度化された存在であるがゆえに，権力との緊張関係を構造的に孕んでいる。このことを，どれだけ自覚的・継続的に認識できるか，このことが「可能性」と「不可能性」の境目である。

　そして，第二に原情報から情報を切り取り，形にするということは，ニュースであれエンタテイメントであれ，きわめて知的な作業であり，高い能力を必要とする。それは，職業として成立する。これからもこのことは変わるまい。それゆえに，優れた人材を魅了する。人が集まる分野には可能性がある…はずだ。

IV-9　公共性とメディア

　ソーシャルメディアが構成する情報空間は，いわゆる〈民意〉が直接的に投入される場である。民主政治が民意の反映を意味するとすれば，ソーシャルな情報空間の拡張はかつてマスが保持していた〈社会的包摂機能〉を衰退させた。その反動として，マスは〈劇場型〉状況に加担する。

　放送には公共的役割があるとしばしばいわれる。そのことは否定すべくもない。しかし，放送の公共性とは何か。「公共の電波を預かっているから，公共的役割がある」というようなトートロジーは意味がない。それでは，民意の反映と劇場型への加担を越えて，公共的な情報空間を構築することなどできるはずもない。テレビが継続的に提供する情報が，市民（視聴者）によって信用さ

れ，そのことが持続的に信頼関係を構築するときに公共性が生まれる。公共性とは，行為によって構築されるものである。

　このことを，〈3.11〉は，あらためて明らかにしたものと考えてよい。テレビは，このことをどれほど深く理解しているだろうか。これは現場の問題というよりは，経営の哲学ないしは局のポリシーの問題である。

Ⅳ-10　表現・労働・市場

　この数年のメディアを巡る議論の中で，「市場が最適解を出すのだから，規制は最小化されるべきだ」という意見がしばしば語られた。規制の最小化に否やはないが，常に，どの場合でも，市場は最適解を出すのだろうか。

　制作という行為は，労働力の行使としては労働力市場の論理の下におかれ，また番組という成果物とそれに内包される知的財産権は商品としてコンテンツ市場で流通する。それはそのとおりである。しかし，表現という行為そのものは，そもそも市場原理の外にある…と私は思う。市場経済が成立する以前から表現はあったのであり，市場が解体した世界でも表現という行為はありうる。それ故に，視聴者が何を見たいかということより，制作者が何を表現したいのかということが原理的に先行する。制作者という存在は，表現を通して市場の内と外を往還するのである。私はそう思う。

　この点は，本論の外にある論点だが，〈3.11〉とメディアや，〈メディアの公共性〉について考える際の，重要な論点であると思われる。

「人間はボートを漕ぐように背中から未来に入っていく」

　未来のことなど誰にもわからない。経験したこと，経験しつつあることが背中から視界に入ってきて，眼前に像を結び，それを見つつその次に現れるであろう光景を想定するしかないのだ…と思うのだが，どうだろう。いま，テレビに起こりつつあることも，そうなのだ。〈3.11〉をどう考えるかは，その意味でもとても大切なことだと思うのである。

本章を書き終えて筆を擱くにあたり，「東日本大震災」の被災地の復旧が進展し，被災者の方々が新しい生活を築き，健やかな日々を送ることが一日でも早くきますように，心からお祈り致します。

●注●
1）　ここで，ソーシャルをメディアといわずにネットワークというのは，「ソーシャルはメディアではなくネットワークです」といった河尻意見に刺戟されたからである。ソーシャル・ネットワークとは，「ソーシャルメディアによるコミュニケーション形成する情報空間」としたい。
2）　このシリーズは，その後2本制作され，計4本シリーズになっている。
3）　「テレビを選び返す」という考えは，『反戦＋テレビジョン』（村木良彦・深井守，田畑書店，1970年）の「放送労働者の原点＝26の断章によるノート」に登場する。このノートは「村木と前川二者のメモを交錯させて成立した」ものである。なお，深井守は前川の著述名。
4）　河出書房新社編集部編『思想としての3.11』所収（紀伊國屋じんぶん大賞2010記念講演「前夜はいま」より）。その後，単行本『砕かれた大地に，ひとつの場処を』（河出書房新社）所収。
5）　ハインリッヒ・フォン・クライスト（1777～1811）ドイツの劇作家・作家
6）　内田樹・中沢新一・平川克美（2011）『大津波と原発』朝日新聞出版（〈ラジオデイズ〉Ustream，4月5日の鼎談）
7）　田中三彦（1990）『原発はなぜ危険か　元設計技師の証言』岩波書店
8）　「あやとりブログ」は，TBSメディア総合研究所のブログ。数人のメンバーが，メディアに関することを自由に書き，誰でもそれについて自由にコメントする（あやをとる）ことで，論点が広まり深まる仕組み。
9）　志村さん（志村一隆）WOWOWでケータイWOWOWの立ち上げなど。現在，情報通信総合研究所主任研究員。著書『ネット　テレビの衝撃』『明日のテレビ』『明日のメディア』
　　　木原さん（木原毅）TBSラジオの現場で約20年。現在，TBSディグネット社長。TBS「調査情報」の〈本〉欄担当。
　　　氏家さん（氏家夏彦）TBS報道局，制作局，コンテンツ事業局などを経て，現在，TBSメディア総合研究所社長。
　　　金子登起世さん　TBS「調査情報」編集部。「調査情報」はTBSメディア総研が編集，TBSが発行する放送専門誌。
10）　河尻さん　河尻亨一　キュレーター。元『広告批評』編集。東京企画構想学舎などのプロジェクトに参加。エディターブック「銀河ライダー」創設。東北芸

工大客員教授。〈3.11〉以後，ボランティア活動を継続。
11) 1964年の和田勉の言葉（『テレビ自叙伝・さらばわが愛』2004年・岩波書店）和田勉はNHKのドラマ・ディレクター。「竜馬がいく」「阿修羅のごとく」「ザ・商社」など。
12) 村木良彦（1935〜2008）メディアプロデューサー。TBSでドラマ「陽のあたる坂道」ドキュメンタリー「私の火山」など。テレビマンユニオン創立。後に代表，その後トゥデイ・アンド・トゥモロウ設立。ATPの創設に尽力。「地方の時代映像祭」プロデューサー。著作『ぼくのテレビジョン』『創造は組織する』など。
13) 萩元晴彦（1930〜2001）TBSラジオ・テレビでドキュメンタリー制作。「あなたは」「日の丸」など。テレビマンユニオン初代代表。また，カザルスホールの設立運営に携わる。
14) 田英夫（1923〜2009）共同通信記者を経て「JNNニュースコープ」キャスター。キャスターニュースの草分け。ベトナム戦争下のハノイを取材した『ハノイの微笑』など。ニュースコープ降板後，参院選に社会党から出馬，当選。2006年まで議員活動。
15) パリ五月革命　1968年5月にパリの急進的学生が始めた大学民主化運動に労働者・知識人が参加し，全国ゼネストへ発展。その過程で旧左翼である共産党の権威が失墜するなど，この時代の急進的な運動に国際的影響を与えた。フランス国営放送の労働者も参加。
16) プラハの春　1968年に社会主義体制のチェコで民主化（人間の顔をした社会主義）が進められ，プラハの春と呼ばれた。これを社会主義陣営の危機と見たソ連は，ワルシャワ条約機構軍を動員して軍事介入し，民主化を弾圧した。プラハのラジオ局制圧が軍事行動の重要な目標にされた。
17) デジタル技術によって，数秒間のディレイの疑似的生放送が可能になった。数秒間のズレの中で時間を管理しようということである。
18) マス媒体の広告機能も，ネット広告の成長により見直されている。
19) 「『Twitterで間違った情報を拡散しないように，テレビやラジオで正確な情報を確認してください』と書いている人」，こういう反応は，マスからソーシャルを見るより，ソーシャルからマスを見る目線の方が冷静で客観的だと思わせる。もちろん，そうでないいろんな反応はあるのだろうが。
20) 「メディアノート」は，TBSメディア総研ホームページに，2004〜2008年まで前川が月2回更新で定期的に掲載したメディア関連のノート。バックナンバーにアクセス可。

引用・参考文献

萩元晴彦・村木良彦・今野勉（1968）『お前はただの現在にすぎない――テレビに何が可能か』田畑書店（朝日文庫より再刊，2008）
村木良彦（1971）『ぼくのテレビジョン――テレビジョン自身のための広告』田畑書店
ブサンソン，J.編，広田昌義訳，粟津潔構成（1969）『壁は語る』竹内書店
ルイス，R.，倉田健訳（1970）『一つの闘い　フランス放送協会の［５月］』田畑書店
クーデルカ，J.（2011）写真集『Invasion Prague 1968（プラハ侵攻1968）』平凡社
写真集『東日本大震災――写真家17人の視点』アサヒカメラ特別編集
佐々木中（2011）『砕かれた大地に，ひとつの場処を』河出書房新社
内田樹・中沢新一・平川克美（2011）『大津波と原発』朝日新聞出版
中沢新一（2011）『日本の大転換』集英社新書
中沢新一（2009）『純粋な自然の贈与』講談社学術文庫
山本義隆（2011）『福島の事故をめぐって――いくつか学び考えたこと』みすず書房
山本義隆（2007）『十六世紀文化革命１，２』みすず書房
佐野眞一（2011）『津波と原発』講談社
和田勉（2004）『テレビ自叙伝――さらばわが愛』岩波書店
志村一隆（2010）『明日のメディア――３年後のテレビ，SNS，広告，クラウドの地平線』ディスカヴァー携書
TBSメディア総研　ホームページ「あやとりブログ」
同「メディアノート」

ネット・モバイル時代の放送―その可能性と将来像―

2012年10月10日　第一版第一刷発行

編　者　日本民間放送連盟・研究所
発行者　田中千津子
発行所　株式会社　学文社

〒153-0064　東京都目黒区下目黒3-6-1
電話 (03)3715-1501 (代表)　振替 00130-9-98842
http://www.gakubunsha.com

乱丁・落丁は，本社にてお取替え致します．
定価は，カバー，売上カードに表示してあります．

印刷所　新灯印刷
〈検印省略〉

ISBN978-4-7620-2313-2